SOPA DE LETRAS

Y

DICCIONARIO

QUÍMICA

Bienvenido

*Desde BlessedPapers esperamos proporcionarte un entretenimiento y aprendizaje divertido y relajado. Los libros de esta colección contienen diccionarios. Aprenderás al mismo tiempo que te divierte***s**.*

Una recomendación:

Hazlo con lápiz .
Estamos convencidos de que volverás a hacerlo, una y otra vez.

Temas:

Las sopas de letras están ordenadas por temáticas dentro del tema principal.

Diccionario:

Al final del libro dispones del diccionario con todas las palabras contenidas.

Esperamos que difrutes

BlessedPapers

Somos una editorial Joven, que intenta hacer
cosas nuevas y diferentes.
Si te gusta el libro, te divierte y te aporta algo,
sería una grandísima ayuda que nos dieras tu
opinión. Es la única manera de poder hacernos
visibles y llegar a más personas.
Sólo tardarás unos segundos escaneando el
código QR.

Muchas gracias por tu ayuda

BlessedPapers

Elementos Comunes

C	F	U	Z	W	H	S	R	J	F	Q	A	K	O
G	N	I	T	R	O	G	E	N	O	M	I	U	E
P	N	W	O	T	S	V	Z	P	U	N	Y	Z	K
P	D	N	L	K	H	X	Q	G	C	O	H	U	V
B	J	W	B	X	I	S	O	A	S	G	E	T	Z
U	P	O	W	O	D	J	R	F	U	P	C	Z	L
A	L	O	X	J	R	B	R	C	J	H	O	O	T
K	K	H	T	I	O	R	E	S	L	S	I	X	L
M	L	C	J	N	G	B	I	X	C	L	C	T	W
V	S	N	O	S	E	E	H	C	E	S	L	I	Z
Z	M	Q	K	N	N	T	N	H	V	R	A	G	Z
M	E	Y	X	J	O	M	E	O	G	W	C	P	H
Y	B	S	M	F	B	E	O	A	R	Q	E	O	H
J	E	M	N	E	J	G	O	U	C	P	F	G	S

Hidrógeno   Oxígeno   Carbono
Nitrógeno   Helio   Hierro
Calcio

Gases Nobles

N	M	X	B	H	Q	L	Q	T	K	X	B	R	K
O	O	X	P	C	I	Q	O	N	U	Z	U	Q	M
T	J	S	E	P	A	I	O	O	M	N	O	C	T
P	W	V	S	R	L	J	D	N	Q	V	G	G	E
I	K	M	R	E	T	J	E	E	J	A	F	P	Q
R	B	I	H	L	N	H	X	X	Y	Y	J	X	O
K	T	D	N	O	I	A	X	Q	T	Z	R	N	O
W	J	Z	D	I	W	A	G	N	V	W	O	I	D
Y	J	A	C	C	J	H	Q	O	S	X	V	R	Q
G	R	V	T	N	O	G	R	A	S	G	L	O	V
E	N	J	E	O	B	F	X	R	H	O	C	O	B
U	Y	K	Q	E	B	Z	U	E	K	S	E	I	O
C	U	D	Y	N	Z	G	L	H	W	T	B	X	T
P	L	M	U	M	A	K	I	I	Y	P	Y	V	Y

Helio   **Neón**   **Argón**
Kriptón   **Xenón**   **Radón**
Oganessón

MetalesDeTransición

P	U	H	K	V	A	E	H	Y	K	U	W
T	F	Y	M	B	Z	L	A	K	I	M	B
Z	I	H	P	C	N	M	L	E	E	F	L
G	F	T	Q	Z	P	K	J	C	W	J	B
G	B	A	A	X	Q	E	B	B	N	L	T
R	T	M	Y	N	O	R	P	W	N	W	F
W	B	Y	X	R	I	B	F	M	P	M	D
K	X	E	O	Z	D	O	R	R	E	I	H
A	T	A	L	P	A	C	B	S	C	U	L
Q	U	Q	D	C	N	I	Z	G	Q	I	U
Y	G	S	X	N	A	E	Q	L	F	M	O
R	C	Z	F	L	V	R	T	Z	B	B	X

Hierro   **Cobre**   **Oro**

Plata   **Zinc**   **Titanio**

Vanadio

Compuestos Orgánicos

L	S	A	A	S	A	W	R	D	S	N	N	D	U	M	T	M
M	N	P	R	W	M	H	F	K	R	N	P	T	A	C	N	F
Z	C	N	N	A	I	A	U	E	Z	E	L	Q	R	J	U	C
B	O	V	Y	N	D	T	H	A	M	D	T	R	H	F	G	O
O	Y	L	W	S	A	N	R	N	Y	X	N	E	Z	B	D	R
M	H	X	N	E	X	S	G	N	Q	W	B	T	R	I	O	U
Z	X	D	T	X	E	O	C	L	U	A	C	S	H	Y	Y	B
P	W	T	H	T	V	Y	P	S	U	T	Y	E	L	G	W	R
P	H	Z	M	E	L	J	I	W	I	A	D	I	P	L	W	A
N	J	S	T	B	D	M	A	B	Z	L	I	Q	I	U	J	C
F	A	P	D	C	R	S	N	G	A	C	I	Z	K	Z	N	O
X	Z	M	K	P	A	E	C	N	Z	O	I	J	T	Y	O	R
M	S	L	M	R	H	S	O	V	U	H	O	H	L	U	R	D
D	Z	P	Y	H	Z	T	M	Q	N	O	U	A	Q	H	T	I
J	N	V	U	J	E	L	Z	S	A	L	V	G	G	F	F	H
V	J	D	G	C	A	Q	V	A	F	U	U	Q	I	W	Y	N
M	T	O	P	I	N	T	X	Y	N	S	U	G	C	L	S	H

Hidrocarburo   **Alcohol**   **Éter**
Aldehído   **Cetona**   **Éster**
Amida

Reacciones Químicas

G	J	X	V	H	F	N	S	Q	K	K	K	P	U	F	C	D	O	M
G	N	E	U	T	R	A	L	I	Z	A	C	I	O	N	I	P	H	I
M	O	D	H	V	Z	L	R	P	P	S	Y	B	H	H	S	W	O	L
D	I	Y	Z	J	K	A	O	Q	Y	Y	Z	F	E	F	U	G	N	E
V	T	O	D	G	R	L	M	C	X	H	K	N	T	P	Q	I	K	H
A	S	X	P	E	S	Z	O	R	V	U	S	R	W	X	Q	T	L	J
O	U	I	I	N	S	L	J	Q	F	M	Y	R	Q	N	R	W	O	D
F	B	D	S	V	H	C	W	R	S	M	R	Z	E	W	K	O	P	Y
T	M	A	W	I	M	N	O	I	C	C	U	D	E	R	J	R	N	S
C	O	C	Z	Q	L	W	H	M	V	F	K	I	O	Q	X	W	J	P
U	C	I	T	R	H	O	W	Q	P	J	Y	Z	N	Z	V	Q	C	E
N	F	O	Y	K	W	R	W	S	O	C	H	C	Y	D	A	S	O	
Z	G	N	B	J	N	P	V	D	P	D	S	E	C	Q	Q	I	T	L
X	W	K	U	J	I	P	I	C	I	T	E	I	V	N	N	X	P	N
S	G	I	Q	Y	X	A	X	Q	F	H	B	M	C	T	O	E	P	I
W	L	H	V	L	C	D	Y	X	V	H	G	T	E	I	L	M	M	E
D	T	S	U	B	K	Q	O	M	K	L	L	S	T	L	O	N	B	X
P	G	Z	F	I	E	V	N	K	X	B	I	V	T	Z	W	N	R	N
N	O	E	N	X	O	J	G	C	Y	S	D	N	L	R	W	C	E	C

Combustión   **Oxidación**   **Reducción**
Síntesis   **Descomposición**   **Hidrólisis**
Neutralización

Sustancias Comunes

H	X	K	M	R	Z	V	P	Z	X	J	I	K	I	A	Q
T	J	F	W	F	R	G	N	M	K	S	G	S	R	Z	L
C	H	I	Z	J	U	P	X	L	H	O	O	A	M	O	N
A	J	F	G	C	O	B	I	J	V	L	A	L	U	S	K
T	C	S	P	E	O	I	E	I	V	U	L	A	M	I	M
A	R	I	T	F	X	J	T	E	Z	T	Q	N	P	B	S
L	K	P	D	M	K	C	N	I	O	I	D	M	Y	R	C
I	D	D	B	O	A	T	I	A	D	V	X	V	A	L	E
Z	B	A	S	E	E	I	A	Q	X	O	Q	U	G	D	R
A	H	Q	R	D	G	J	L	X	S	J	S	F	M	D	I
D	J	P	B	Q	Q	Y	H	J	G	N	E	Q	P	Q	O
O	C	X	N	U	U	C	J	G	R	R	F	D	L	V	A
R	N	L	J	U	B	U	O	T	G	O	S	X	G	N	D
T	A	O	E	Z	Z	J	K	X	M	J	C	Y	Q	I	D
J	A	P	T	C	C	E	G	Y	J	C	Z	Q	A	F	C
H	H	D	N	X	M	G	S	C	H	S	V	E	J	C	D

Ácido　　　　　**Base**　　　　　**Sal**
Solvente　　　**Solutivo**　　　**Reactivo**
Catalizador

Estado de la Materia

Q	I	E	O	U	M	S	H	I	T	L	H	Y	W	O	P	G
U	X	E	C	H	K	C	R	J	U	H	N	S	U	A	Y	
B	U	B	S	I	G	O	S	O	E	S	A	G	P	I	N	H
R	R	J	T	U	D	N	D	O	B	I	G	I	U	K	K	O
G	V	T	A	N	P	D	E	I	R	A	Y	E	L	N	Y	Q
K	M	Y	N	I	R	E	N	G	L	K	M	C	N	S	O	B
O	C	M	C	X	H	N	R	Z	V	O	R	S	C	P	G	B
O	C	L	Q	B	B	S	Y	C	Q	L	S	R	A	S	S	K
Q	F	H	D	H	E	A	D	T	R	M	Z	M	J	L	A	Q
C	X	R	E	B	Z	D	L	A	D	I	O	L	O	C	P	E
V	N	L	X	E	N	O	A	R	Q	R	T	A	L	X	B	P
L	Y	M	Y	Q	B	A	M	D	W	S	U	I	I	B	W	Y
O	D	L	O	A	V	S	R	V	W	R	Q	S	C	D	K	P
E	Z	W	V	E	M	H	B	W	M	U	B	C	E	O	A	M
Q	A	B	A	T	Y	H	M	I	I	P	R	F	U	E	V	D
R	P	V	I	B	Q	A	A	D	Y	R	E	M	D	H	N	H
M	I	F	Y	T	D	L	O	L	V	T	I	N	R	Y	S	A

Sólido   **Líquido**   **Gaseoso**
Plasma   **Condensado**   **Coloidal**
Supercrítico

Estructura Atómica

S	E	L	A	T	I	B	R	O	V	T	C	G	B	O	Q	A	R	G	S	B	O	U	V	H
E	N	L	E	D	H	P	T	J	Y	M	I	M	U	N	F	K	C	Q	W	C	D	K	I	R
L	U	P	E	G	Q	L	V	O	N	U	M	T	O	B	A	M	U	G	G	K	J	L	B	W
E	H	N	L	C	V	R	Y	E	I	O	M	R	Q	C	I	R	E	R	L	L	C	N	W	Q
C	L	K	I	Q	T	W	K	L	L	Z	T	I	T	L	V	Q	A	F	K	I	U	V	P	K
T	E	X	J	G	Q	R	A	C	C	U	F	O	H	W	O	V	W	H	P	Z	U	L	Y	S
R	F	S	Z	E	C	A	O	U	E	R	M	F	R	P	K	P	L	Q	V	C	I	K	Q	F
O	V	F	M	U	R	N	F	N	Y	O	E	W	A	P	B	X	H	W	S	I	M	L	X	S
C	G	H	L	K	I	D	T	T	A	L	Z	G	C	M	M	T	O	Z	R	L	W	C	Q
O	T	G	J	F	V	W	G	A	H	T	H	O	G	H	L	Q	E	A	J	V	B	X	Z	Y
N	Y	U	M	N	F	P	W	M	A	C	Z	P	D	E	M	S	V	M	P	C	P	Q	I	Q
F	H	B	S	N	C	T	O	Y	J	R	L	W	A	L	Z	R	E	N	C	H	T	J	L	B
I	D	U	E	A	D	X	O	X	U	T	S	V	B	G	U	U	P	D	K	R	I	D	P	W
G	C	Y	X	J	P	P	O	O	E	O	T	E	U	H	R	X	C	F	U	X	J	Y	S	E
U	Z	Z	B	U	F	Q	M	B	D	E	L	Y	Z	D	O	Z	D	C	M	C	Z	K	A	E
R	L	H	P	L	C	G	D	R	L	U	T	H	G	E	H	G	T	H	S	Y	B	W	Z	P
A	M	C	Q	H	T	M	J	S	H	V	N	W	Y	T	H	Q	L	L	H	A	F	I	W	Q
C	F	I	T	N	O	P	W	S	G	B	M	U	Q	M	H	X	J	H	O	Y	J	X	G	K
I	R	S	M	M	C	C	Y	D	V	A	B	B	P	V	Z	V	Q	R	H	W	T	X	D	X
O	S	Q	A	C	C	I	Q	Q	U	O	J	X	O	L	B	C	R	V	Y	T	M	P	N	W
N	N	P	L	X	T	Q	Q	A	W	C	S	W	I	W	X	A	K	N	S	J	P	I	J	Z
V	Z	H	J	Z	O	G	O	P	C	C	A	X	Q	K	R	H	C	U	F	F	R	P	D	F
M	P	C	V	X	W	T	O	R	Y	H	R	C	B	G	A	X	L	S	C	O	B	R	U	N
U	U	W	O	A	Y	N	F	Y	O	V	R	Q	J	T	B	K	A	L	S	B	O	T	X	F
W	E	V	K	C	G	Z	X	U	L	P	E	C	C	Y	N	K	O	T	B	N	N	R	O	Q

Átomo   **Electrón**   **Protón**

Neutrón   **Núcleo**   **Orbitales**

ElectroConfiguración

PropiedadesElementos

P	L	J	C	X	D	B	N	A	L	E	R	O	M	C	I	M	J	Z	P	R	R	K
U	D	M	H	R	Y	S	B	Q	Y	Z	X	K	T	K	N	S	O	O	U	N	I	M
Z	S	P	P	M	W	I	T	V	L	E	D	T	Y	Z	D	F	L	S	N	C	I	O
Z	R	K	N	C	F	D	B	C	D	C	D	Z	P	U	H	Z	U	J	T	S	O	J
S	Y	R	S	G	N	O	I	S	U	F	O	T	N	U	P	Y	N	D	O	O	M	B
T	W	D	A	D	I	V	I	T	A	G	E	N	O	R	T	C	E	L	E	S	P	L
E	N	J	P	D	O	C	Y	T	X	V	T	Q	D	C	T	N	L	L	B	P	S	T
M	A	K	P	N	K	D	Y	V	B	Q	H	W	X	U	S	Q	Y	D	U	V	P	S
Q	L	X	J	B	Q	J	D	Y	M	M	T	R	Q	I	C	G	F	D	L	K	K	A
K	K	L	V	Y	J	N	U	E	D	B	U	C	D	E	I	T	E	B	L	N	R	A
M	G	R	W	U	P	R	V	C	Y	Y	H	A	G	M	B	F	I	T	I	Y	A	J
W	X	J	X	U	G	R	Q	G	V	Y	D	F	C	M	O	N	C	V	C	B	D	G
A	H	Z	S	D	G	N	I	Z	Z	P	K	D	A	T	R	R	I	A	I	T	I	E
N	C	P	D	O	R	B	I	Z	P	N	R	N	I	M	Q	L	Y	L	O	D	O	X
C	A	J	N	W	V	F	Y	C	I	G	F	F	R	G	Y	F	N	E	N	Y	A	C
X	D	B	A	Q	K	B	A	F	N	S	B	F	S	W	Z	B	D	N	X	C	T	D
J	R	M	K	R	I	B	B	V	O	D	X	J	Z	H	Q	V	F	C	E	U	O	S
T	A	R	Q	D	G	D	R	S	L	A	Q	D	M	J	F	R	Y	I	D	S	M	M
X	W	F	N	L	I	R	C	X	N	F	Y	G	J	F	X	R	R	A	P	K	I	D
K	U	Q	I	M	Q	D	V	B	O	Z	M	I	T	F	F	R	Y	N	L	E	C	Z
O	B	U	K	S	R	Z	X	U	B	M	D	U	D	Z	Y	V	S	V	X	D	O	A
L	M	C	R	T	Q	A	K	U	T	L	D	J	Y	S	L	L	Q	M	I	E	O	F
X	A	W	E	T	L	F	X	Y	W	B	Q	L	A	T	D	G	T	M	M	A	T	G

PuntoFusión   PuntoEbullición   Densidad
Conductividad   RadioAtómico   Electronegatividad
Valencia

Química Orgánica

B	D	L	W	S	D	D	Y	X	P	P	T	O	U	J	Y	T	L	I	J
N	Q	B	E	P	F	F	H	Q	M	S	R	T	E	W	C	P	X	W	K
S	W	V	E	E	U	U	P	Y	Z	U	J	X	T	J	W	S	N	A	Q
C	J	B	Y	B	N	N	T	W	J	C	M	W	B	N	T	V	F	I	W
C	L	A	A	Y	N	L	D	N	M	E	N	D	J	C	I	I	Z	O	K
H	J	U	L	B	B	X	A	E	P	A	R	O	M	A	T	I	C	O	K
H	J	N	A	C	Z	S	P	C	W	F	R	D	N	A	V	M	M	Y	S
D	W	S	N	B	A	E	A	S	E	E	W	Y	W	I	E	B	L	V	O
P	E	O	O	B	H	N	Y	E	M	C	J	A	C	U	U	V	Y	T	Z
W	U	I	I	V	P	R	O	O	N	N	O	H	L	V	R	Q	G	Q	O
N	A	K	C	R	U	D	S	N	V	O	H	V	J	Q	L	M	L	N	W
C	B	T	N	Y	F	I	B	Y	N	J	K	W	A	X	U	W	B	A	L
W	C	B	U	Q	B	G	C	Z	A	B	K	S	J	L	V	E	T	D	Q
O	T	C	F	B	W	W	A	F	Q	Z	A	Q	Z	D	E	D	N	Y	B
M	Q	T	O	B	G	A	L	K	D	B	J	R	B	Y	M	N	X	O	G
S	H	Q	P	N	R	D	H	O	F	G	R	N	N	U	C	L	T	S	V
H	F	L	U	M	X	K	P	G	F	D	R	H	F	D	F	X	Z	E	H
Y	T	M	R	N	B	R	X	A	A	R	C	V	X	I	B	C	Q	H	J
E	W	H	G	D	P	Q	R	S	M	A	H	E	N	R	A	B	R	H	K
B	M	X	M	N	D	B	Z	Y	S	H	E	O	F	E	U	U	M	H	B

Isómero   EnlaceCovalente   GrupoFuncional
Alcano   Alqueno   Alquino
Aromático

Ácidos y Bases

H	R	Y	S	D	W	B	D	D	C	T	D	E	Q	Z	R
X	Z	R	F	I	E	E	A	Q	S	Y	O	I	Q	S	S
U	S	I	S	K	J	L	O	S	B	V	C	V	A	V	N
W	Y	I	W	J	T	M	U	R	E	P	I	X	Y	E	L
C	B	T	V	J	O	L	L	Q	X	D	T	E	C	U	T
U	L	E	R	F	P	J	W	C	J	E	B	O	N	B	
F	A	O	T	U	N	H	H	G	G	W	C	B	O	Q	W
Y	O	I	R	V	S	N	I	L	C	G	A	S	I	A	H
T	U	I	E	H	C	K	Y	R	B	D	W	O	V	L	M
H	C	M	U	U	I	U	A	Q	X	G	O	U	Q	G	K
O	O	M	F	E	T	D	X	O	Q	K	I	F	X	V	M
G	U	Y	E	N	R	A	R	Z	I	E	K	X	P	X	Y
F	V	H	S	H	I	H	U	I	Q	N	H	V	J	H	W
T	V	O	A	X	C	C	Z	H	C	K	R	W	Q	E	L
J	J	A	B	Z	O	X	P	T	H	O	X	A	J	S	S
L	F	X	W	H	M	S	B	S	Q	K	P	L	S	U	V

Sulfúrico   Clorhídrico   Acético
Cítrico   BaseFuerte   BaseDébil
pH

Química Inorgánica

N	O	J	I	X	I	H	L	X	K	Z	A	E	B
B	O	N	A	E	T	U	I	G	O	H	U	F	H
C	R	N	C	K	Z	L	Z	X	D	L	H	V	Y
S	U	L	F	A	T	O	Q	Q	I	F	M	B	J
A	R	A	Y	A	R	K	O	M	X	G	C	V	R
G	O	M	J	I	X	B	Z	X	O	X	K	W	S
S	L	T	O	D	I	X	O	R	D	I	H	H	S
I	C	S	A	P	E	G	Q	N	S	V	H	P	D
M	B	G	S	R	T	S	E	L	A	S	Q	N	S
F	G	B	C	P	T	O	G	Z	U	T	X	J	V
T	Y	H	X	S	K	I	T	K	E	M	O	W	U
T	G	W	K	C	F	A	N	M	G	W	Q	I	A
P	T	K	Y	J	F	F	V	I	V	V	J	H	C
I	H	A	J	K	G	Q	P	S	Z	V	O	N	Q

Sales   **Óxido**   **Hidróxido**
Carbonato   **Sulfato**   **Cloruro**
Nitrato

Química Analítica

Z	T	K	C	X	T	F	M	P	M	K	U	D	Y	L	T	U	T	N
R	C	N	U	M	G	B	J	I	M	H	D	G	G	W	W	Z	E	M
S	P	I	W	E	G	C	I	M	O	H	E	X	Q	O	J	M	S	V
T	I	D	C	V	S	B	P	Q	N	H	Z	R	A	N	E	L	P	B
T	P	S	K	A	A	P	U	O	Y	T	Y	A	O	V	Y	N	E	G
O	O	T	E	Y	I	K	E	D	H	R	J	I	R	N	C	U	C	D
Q	D	W	B	R	K	G	Q	C	Q	N	C	G	H	O	R	V	T	D
U	H	Z	W	L	O	Z	O	Z	T	A	M	H	G	J	O	H	R	J
Q	T	X	B	F	F	F	Q	V	L	R	F	N	T	I	M	T	O	O
R	K	M	L	A	V	W	O	U	O	D	O	Q	I	D	A	F	S	F
G	R	A	V	I	M	E	T	R	I	A	X	M	C	K	T	J	C	P
F	T	J	A	O	B	I	B	D	T	W	B	B	E	M	O	F	O	A
B	M	L	M	S	T	W	E	R	Q	C	S	O	F	T	G	Y	P	U
W	P	M	Q	M	I	X	N	U	N	C	E	Y	T	P	R	G	I	P
B	Q	I	Q	V	A	I	R	T	E	M	U	L	O	V	A	I	A	F
V	C	J	A	S	G	M	G	C	A	D	L	R	E	A	F	A	A	S
Y	K	H	J	P	H	G	L	Q	A	A	A	C	H	I	I	C	O	S
W	A	P	U	B	L	R	C	M	A	H	B	G	B	T	A	R	C	R
W	C	J	V	O	B	Y	X	L	Y	P	N	B	X	M	R	B	X	E

Titulación	**Espectroscopía**	**Cromatografía**
Electroforesis	**Gravimetría**	**Volumetría**
Espectrometría		

Termodinámica

X	G	S	U	P	W	L	W	F	Y	O	A	Q	E	J	Z	C	W	N	U	F
I	F	M	E	C	R	L	X	X	P	P	N	A	X	S	G	M	S	S	N	F
O	K	L	R	G	L	C	H	E	R	E	L	W	W	M	J	O	X	R	E	P
W	X	J	I	G	U	R	C	Q	I	X	G	I	T	R	T	T	U	Q	O	P
M	E	W	Q	W	E	N	R	N	M	Y	G	G	W	M	B	U	Y	Z	F	B
A	C	N	Y	F	H	Y	D	G	E	U	E	E	S	Z	G	A	W	P	G	K
A	K	Q	T	E	H	S	Y	O	R	K	N	V	L	E	Y	C	E	R	O	O
Y	J	E	J	A	G	D	I	K	P	E	D	G	G	Y	J	F	A	I	A	T
W	T	N	K	D	L	W	V	O	R	R	U	Z	V	H	S	C	P	Q	B	I
J	X	T	I	S	W	P	T	G	I	Y	I	W	V	O	E	I	A	V	B	Y
B	N	R	U	C	V	C	I	H	N	T	R	N	J	S	C	Z	U	P	H	U
V	R	O	X	N	I	A	P	A	C	Z	B	I	C	N	O	P	D	M	L	L
P	J	P	W	G	L	Z	Z	Q	I	O	J	B	I	I	U	B	G	D	I	G
I	P	I	I	A	X	D	V	P	T	K	R	S	R	P	S	J	O	O	N
Z	U	A	B	D	E	G	T	K	I	F	P	F	Q	Y	G	I	D	A	Z	Q
A	L	R	F	E	O	R	J	Z	O	R	C	C	E	P	T	E	O	C	W	T
P	E	X	F	K	F	J	H	A	E	E	R	A	U	G	Y	C	E	W	Z	W
V	J	R	Z	Q	M	N	W	C	E	C	A	B	C	A	M	M	B	T	F	P
Q	C	A	Y	I	Y	O	R	X	S	X	E	L	E	J	Z	X	B	L	S	H
Q	F	I	Y	W	P	E	Z	O	O	A	Z	H	I	Q	A	X	U	K	O	D
L	I	L	O	X	T	V	J	G	H	W	I	I	Y	R	L	W	N	K	Q	N

Entalpía   Entropía   EnergíaLibre
LeyCero   PrimerPrincipio   SegundoPrincipio
TercerPrincipio

Química Cuántica

V	I	O	N	O	S	C	L	N	A	V	T	B	Z	R	T	J	D	R	E	L	X	J
C	H	M	H	O	Z	T	B	K	R	F	D	V	P	H	M	A	A	A	I	R	U	A
B	E	O	Z	J	I	F	A	G	E	H	X	X	T	H	Z	S	R	V	P	A	A	J
R	M	D	T	P	S	S	Y	A	L	U	C	I	T	R	A	P	A	D	N	O	S	I
X	M	E	S	X	A	T	U	B	M	J	L	Q	Y	D	V	E	M	F	K	O	H	Q
S	Q	L	G	C	D	K	I	L	B	P	H	N	T	X	Q	M	O	M	U	Z	H	E
F	E	O	U	F	Y	N	Q	M	C	D	S	W	I	C	H	E	M	F	N	C	H	Z
R	E	A	X	U	H	K	V	S	T	X	T	I	R	Y	U	C	I	X	W	R	U	X
A	R	T	E	Z	N	D	A	Y	H	J	E	M	Z	C	B	A	M	N	B	O	T	C
K	D	O	H	P	H	E	P	E	Z	Q	C	O	Q	B	X	N	I	P	S	E	S	C
D	J	M	D	G	J	R	F	P	Y	F	U	I	I	C	G	I	Z	N	K	E	F	N
C	O	I	C	S	P	P	N	S	S	W	Z	A	C	P	V	C	L	M	W	U	R	N
A	X	C	F	D	R	D	S	G	E	L	M	P	M	V	I	A	U	W	V	R	C	M
J	G	O	A	I	X	B	X	P	I	A	S	U	O	S	G	C	U	L	O	A	W	V
Q	E	S	O	C	I	T	N	A	U	C	S	O	R	E	M	U	N	C	F	W	E	U
I	H	U	L	R	F	I	F	N	X	E	S	Y	O	I	T	A	Z	I	S	B	E	U
M	S	T	I	W	Z	P	B	B	V	V	X	Q	S	R	J	N	T	Z	R	B	O	P
H	L	D	I	A	D	J	R	X	Z	O	R	Z	T	D	B	T	C	G	Z	P	U	O
Y	E	W	D	W	V	T	A	Y	M	M	J	V	B	H	K	I	O	B	U	A	M	E
A	M	K	C	I	B	I	R	I	R	W	L	U	I	W	P	C	T	V	F	T	T	R
B	H	U	K	M	D	N	N	M	Y	W	R	K	N	Z	E	A	A	A	O	W	C	H
B	V	N	C	N	N	H	J	M	A	L	O	L	T	P	D	T	B	R	L	B	N	I
Z	G	K	C	A	J	R	U	L	K	T	U	I	Z	M	J	M	L	L	H	U	V	Y

Orbital   Espín   MecánicaCuántica

PrincipioExclusión   NúmerosCuánticos   OndaPartícula

ModeloAtómico

Química Nuclear

Q	P	J	R	A	D	I	A	C	I	O	N	A	L	F	A	L	A
G	L	S	S	C	B	Q	W	W	E	Y	S	A	B	Y	R	R	F
R	A	D	I	A	C	I	O	N	B	E	T	A	U	R	A	Y	B
L	F	B	D	K	Z	N	R	L	K	R	I	P	M	D	E	G	Y
K	X	K	B	U	R	X	T	Q	K	N	E	D	I	F	L	Z	L
J	O	I	B	U	O	H	W	L	Y	E	O	A	N	M	C	W	B
V	U	B	R	L	N	U	K	J	B	U	C	H	C	T	U	L	S
D	V	L	I	X	Z	K	C	W	Q	T	Q	J	E	N	N	A	A
T	P	N	Z	R	P	W	Y	W	I	R	G	P	K	K	N	B	P
O	M	W	F	K	J	X	A	V	T	O	Q	W	T	U	O	U	D
X	O	P	O	T	O	S	I	O	S	N	A	X	E	W	I	M	K
W	W	S	C	P	I	D	P	P	J	I	V	W	K	H	S	N	S
I	Y	Y	V	H	A	M	Y	A	W	B	D	Q	A	X	I	I	L
S	T	T	I	D	S	A	G	N	E	R	N	K	U	W	F	H	B
E	R	W	U	P	A	D	Q	B	A	J	M	B	Z	H	U	Y	G
O	F	U	Z	S	X	V	N	R	Z	D	P	P	J	C	F	P	F
Z	J	L	R	Q	M	V	I	D	T	Z	Y	U	Z	E	C	W	D
I	W	R	A	E	L	C	U	N	N	O	I	S	U	F	S	C	Q

Radiactividad   Isótopo   FisiónNuclear
FusiónNuclear   Neutrón   RadiaciónAlfa
RadiaciónBeta

Química Ambiental

A	I	R	W	O	S	M	T	S	W	E	H	Y	I	B	V	S	V	G	N	O	R
Y	B	K	N	L	E	G	O	Z	Q	G	Q	E	H	V	W	J	T	Y	D	D	N
V	L	G	W	T	Y	A	U	S	Z	R	L	K	K	D	A	Z	M	K	C	T	N
L	N	D	W	W	V	C	W	D	J	L	Q	B	H	N	A	S	E	O	O	M	O
G	Y	D	C	P	I	V	J	Z	U	Y	C	O	V	X	O	F	R	C	N	V	F
X	B	I	J	X	C	I	D	V	V	F	Y	N	D	U	E	M	E	K	G	O	N
S	T	A	W	C	U	S	I	Z	Z	F	C	Z	C	C	Z	M	H	M	T	Q	Y
M	G	Q	G	O	O	A	F	W	J	B	Z	E	T	H	Q	S	K	R	G	J	O
H	N	D	Y	N	A	Y	P	C	E	S	D	O	Z	R	E	I	K	W	Y	L	L
X	O	H	S	C	U	G	F	U	M	Z	I	Z	P	E	J	P	N	Q	X	L	I
H	I	I	I	O	E	N	Y	M	C	N	N	W	S	W	Y	R	V	I	N	Q	K
V	C	D	N	U	M	K	Q	I	V	P	G	T	Z	F	P	W	P	F	G	T	X
M	A	F	H	H	M	M	I	E	W	R	G	R	D	Q	I	X	D	O	F	Y	Z
Y	D	G	I	M	Y	O	R	E	Z	A	E	C	A	J	Q	S	W	V	T	P	D
Z	A	V	D	G	Z	N	E	A	X	D	I	P	A	N	R	Z	G	K	C	X	V
R	R	D	F	O	A	O	N	O	B	R	A	C	O	L	C	I	C	W	X	M	Z
Y	G	N	N	D	W	D	V	S	U	U	T	J	O	S	P	T	S	Y	F	E	A
U	E	O	E	H	C	N	D	P	C	C	A	U	O	Q	Z	Y	H	A	Z	S	I
Y	D	R	J	X	X	H	H	X	X	K	V	V	Q	M	I	S	R	R	F	G	S
X	O	C	I	X	O	T	O	U	D	I	S	E	R	F	I	T	O	I	S	O	C
L	I	X	X	T	C	O	N	T	A	M	I	N	A	N	T	E	J	A	Q	Y	F
I	B	C	W	I	F	I	E	X	E	F	M	W	M	P	E	X	E	L	H	J	K

Contaminante   Biodegradación   CicloCarbono
EfectoInvernadero   LluviaÁcida   Ozono
ResiduoTóxico

Química de Polímeros

M	I	D	N	L	L	N	S	Y	R	X	E	A	O	C	P	G	V
N	M	G	S	H	F	Z	V	N	V	P	D	Q	Y	Y	U	S	K
O	Q	Y	E	L	V	Y	G	C	Z	G	C	K	E	L	X	A	F
L	J	J	B	Z	J	B	M	B	R	L	S	Y	S	J	V	L	Y
F	S	O	N	E	L	I	T	E	I	L	O	P	V	C	Y	L	S
I	P	I	D	K	Y	O	Z	H	L	C	Z	K	A	R	P	O	J
Q	V	D	H	T	H	D	M	U	W	E	P	J	A	O	E	N	K
U	S	X	I	E	G	E	G	Q	Q	H	A	K	L	S	Q	E	D
M	R	O	M	M	C	G	O	G	Q	N	O	I	Z	G	J	R	A
S	I	B	F	Z	O	R	T	R	G	I	P	I	J	N	Z	I	E
G	R	U	B	O	P	A	D	L	E	R	J	Z	X	S	V	T	R
G	D	C	K	X	O	D	V	G	O	M	W	T	V	G	A	S	B
D	O	N	P	G	L	A	R	P	W	M	O	H	R	C	R	E	A
U	S	R	F	Z	I	B	I	U	Q	E	H	N	H	A	V	I	W
O	X	I	E	A	M	L	P	E	H	S	V	P	O	I	L	L	C
R	I	Q	J	X	E	E	S	R	A	Z	U	O	R	M	G	O	Y
X	D	O	I	N	R	W	Y	A	J	S	A	Z	W	O	X	P	M
G	I	G	O	U	O	J	Q	V	H	G	C	H	N	N	L	M	U

Polietileno   **Polipropileno**   **PVC**
Poliestireno   **Biodegradable**   **Copolímero**
Monómero

Química. Alimentos

M	C	X	I	E	T	X	V	S	H	G	R	J	Y	Z	X	G
V	V	R	I	U	L	S	J	E	F	Q	I	Q	E	D	U	W
L	W	M	C	D	B	R	M	P	V	U	U	B	I	F	J	N
I	O	O	W	O	W	S	B	E	M	R	J	A	V	Z	I	B
U	P	K	T	B	E	G	O	Q	J	N	U	J	C	H	U	E
V	U	R	E	A	P	L	D	U	L	Y	T	K	D	P	I	T
S	Y	G	A	H	R	I	I	A	R	V	F	C	M	O	A	W
R	Y	Y	N	W	O	D	P	S	I	T	Q	O	N	B	K	Z
E	F	Q	Z	V	T	J	I	A	E	C	Y	N	G	H	F	G
K	O	W	K	O	E	M	L	H	G	L	S	S	W	H	A	O
B	J	G	A	D	I	T	I	V	O	F	A	E	O	S	R	X
W	A	C	M	T	N	G	L	Z	H	B	D	R	K	I	W	I
K	G	H	C	T	A	E	T	B	M	Q	R	V	E	A	V	G
N	B	B	P	U	V	I	T	A	M	I	N	A	S	N	X	M
Z	A	Q	S	W	A	Y	K	K	E	X	O	N	C	M	I	T
T	W	R	F	D	P	I	J	I	V	Z	B	T	K	D	V	M
N	D	O	J	E	Y	K	T	W	M	O	B	E	Q	J	H	I

Carbohidrato   **Proteína**   **Lípido**
Vitaminas   **Minerales**   **Aditivo**
Conservante

Química Farmacéutica

H	U	O	O	O	T	T	M	U	W	A	E	G	T	I	O	D	D	D	I
P	J	W	K	T	E	E	E	H	C	H	I	N	U	M	U	Y	S	T	O
G	Q	V	J	H	V	L	V	F	R	Z	D	Y	D	S	M	U	A	G	U
F	R	U	F	F	R	R	E	E	A	S	T	D	N	B	Z	B	G	M	W
L	A	C	D	C	B	P	V	S	F	R	W	D	Q	E	C	H	E	N	Q
H	U	R	B	O	N	C	M	M	F	Z	M	M	E	A	O	L	T	O	N
D	H	U	M	M	S	A	P	U	L	Y	E	A	B	A	W	U	X	S	B
B	R	W	F	A	Y	I	W	R	Y	Q	P	X	C	W	P	R	V	E	G
B	L	T	M	T	C	G	F	Z	Y	K	X	O	A	O	O	X	Q	P	D
V	W	D	K	D	H	O	R	I	N	H	N	K	L	T	A	T	X	Z	N
H	S	H	C	J	T	L	C	W	C	U	Z	I	P	Z	S	V	I	B	Q
B	D	U	E	J	F	O	I	I	G	A	J	E	I	A	C	Z	I	E	R
R	Y	H	Z	Z	N	W	K	N	E	C	Q	Y	C	J	X	I	N	U
T	J	U	B	I	X	C	E	C	R	E	N	I	F	D	C	J	I	I	H
T	T	P	X	L	P	E	F	F	R	K	T	E	O	I	J	I	E	U	L
P	G	W	C	A	Q	T	R	Q	W	M	K	I	R	N	P	Q	A	H	Q
O	L	S	A	P	J	O	Y	B	F	A	C	A	C	I	L	Y	H	C	X
R	I	Q	X	V	C	I	F	B	O	T	N	E	M	A	C	I	D	E	M
O	J	C	H	W	U	B	U	L	I	W	G	E	D	I	R	O	Y	G	Q
M	D	V	C	N	W	W	D	L	J	N	M	B	X	E	O	J	T	O	Q

Medicamento Fármaco Biotecnología
Genérico Dosificación Receptor
Farmacocinética

Química Superficies

K	Z	W	P	I	R	O	T	O	G	Z	U	B	D	F	T	V	B	T	D	Z	M	A	F	Y
N	E	G	Z	W	M	H	D	R	O	I	U	Y	N	M	W	G	G	K	L	D	L	B	V	Z
V	Y	U	C	T	H	Q	V	A	Q	W	Q	D	R	B	S	I	A	M	N	B	K	K	O	X
F	Y	W	L	Z	T	D	G	F	X	W	G	H	X	G	H	X	G	T	W	L	R	N	Z	C
M	W	Z	D	A	E	H	R	W	Q	Y	R	I	D	Z	Q	Z	A	H	G	Y	E	H	H	Q
M	I	P	N	V	N	A	W	C	T	P	B	I	M	S	H	R	S	T	M	V	T	K	F	X
E	E	X	Z	Q	S	N	H	M	B	R	Y	C	H	J	I	Y	E	I	A	I	F	S	S	L
P	R	D	B	J	I	I	U	U	Y	X	C	F	J	F	S	Q	S	C	N	K	T	N	H	U
C	N	N	U	N	O	I	C	R	O	S	D	A	L	E	V	D	X	O	T	F	Y	F	I	Y
Q	X	I	B	A	N	Z	D	R	C	B	Q	K	D	L	P	D	T	K	W	V	X	Y	F	C
D	X	L	T	D	S	L	A	A	J	Y	Q	Z	H	J	S	W	H	X	V	K	D	Z	A	Y
Y	B	X	C	P	U	W	P	O	S	G	L	I	D	B	H	H	F	Q	V	H	K	D	S	E
D	Q	C	D	N	P	X	T	R	G	V	D	T	S	E	K	T	W	J	F	C	W	I	N	O
K	G	L	T	W	E	J	R	D	G	R	Z	X	C	R	C	W	C	V	H	Y	M	O	T	L
A	F	L	Y	R	R	M	A	B	O	Y	U	O	N	N	Q	A	G	U	I	Y	I	Y	B	K
L	R	K	F	A	F	L	V	F	I	K	X	T	Y	G	B	M	F	R	G	C	G	O	R	S
E	P	V	G	K	I	W	O	A	B	X	J	W	Z	M	I	V	X	R	R	V	A	N	Z	N
A	K	C	A	P	C	B	A	H	D	V	U	N	K	D	J	S	C	O	E	E	W	U	Z	X
R	E	O	I	X	I	P	D	U	N	F	F	E	R	C	H	S	M	U	T	Z	S	G	S
E	S	Z	R	C	A	T	A	L	I	S	I	S	H	E	T	E	R	O	G	E	N	E	A	O
C	A	U	I	C	L	L	J	R	R	D	R	S	H	E	D	J	H	H	A	K	J	I	X	U
F	O	D	O	L	N	H	Z	D	Y	Q	D	T	I	X	P	C	S	I	S	V	U	L	Q	D
J	A	N	B	V	Q	K	T	Z	F	Y	N	H	Q	G	Y	W	S	M	T	Q	Z	B	O	A
D	O	Z	V	N	D	K	E	K	B	D	P	B	L	B	P	Q	K	Q	J	I	W	R	W	D
M	X	G	G	R	H	T	P	D	H	A	Z	B	F	U	I	G	V	G	L	U	Q	O	S	L

Adsorción   Desorción   Interface
TensiónSuperficial   Monocapa   Hidrofobicidad
CatálisisHeterogénea

Química Coordinación

U	I	H	N	M	F	U	T	V	J	Z	X	W	Z	H	N	L	R	A	Z
Z	W	S	O	I	W	X	H	M	K	M	K	H	W	F	N	J	N	V	Q
B	C	P	R	T	K	W	V	Q	I	Y	B	D	U	S	G	C	U	B	H
A	B	Z	D	X	A	C	C	Y	L	K	X	G	M	U	C	M	M	D	H
B	U	M	E	T	A	L	T	R	A	N	S	I	C	I	O	N	E	K	S
L	L	V	A	S	I	I	E	Y	M	C	L	P	V	N	M	U	R	F	O
O	V	X	T	H	W	Z	R	U	D	S	P	N	J	L	P	N	O	P	Q
F	O	L	C	S	E	Q	A	E	Q	W	T	D	B	P	L	I	D	Z	X
B	H	F	O	C	C	S	E	W	M	P	P	M	S	L	E	L	N	R	K
D	V	H	S	V	G	K	I	D	T	O	K	H	O	B	J	C	A	N	B
X	L	F	X	Q	P	K	P	Q	R	M	S	H	E	O	O	L	G	W	I
F	T	V	B	D	K	M	A	G	D	E	D	I	T	I	T	T	I	M	G
E	Z	N	J	D	N	X	X	V	R	D	Y	R	Z	M	R	V	L	B	B
R	H	C	I	V	Z	U	K	G	D	T	Z	F	Y	N	M	Q	W	V	Z
O	S	D	R	C	R	U	T	M	I	K	Z	U	D	S	O	T	V	U	L
E	P	X	X	N	V	P	U	N	M	T	S	N	R	Y	Y	V	Y	T	Q
W	V	S	J	T	P	D	Y	D	Q	T	G	H	L	R	N	T	H	I	N
G	S	S	R	O	B	B	C	L	J	H	T	V	J	S	Z	J	Y	K	X
H	A	W	V	M	A	L	C	S	V	F	B	G	K	O	U	G	X	V	Y
Q	D	O	N	G	C	V	I	E	Y	O	P	N	X	M	O	B	Q	N	B

Complejo	**Ligando**	Isomería
Octaedro	**Quelato**	MetalTransición
Número		

Q. Supramolecular

Z	O	K	G	D	L	K	Y	E	T	D	Z	I	S	N	O	D	V	M	M	P
Q	W	B	V	J	I	N	A	B	O	W	P	U	E	O	Y	Q	S	F	A	C
A	X	E	D	T	U	G	X	N	Y	J	I	B	N	T	D	G	F	W	O	J
B	F	V	N	L	X	L	E	C	E	U	P	G	L	P	V	R	G	Q	K	U
M	V	H	X	F	M	V	D	J	W	R	A	T	P	B	B	L	F	V	C	E
H	F	V	E	W	F	G	E	V	A	B	X	O	R	R	M	O	E	Q	F	S
F	V	W	L	U	R	N	R	R	V	L	Q	P	R	O	Z	D	T	D	O	Z
J	U	N	O	A	X	Y	S	Z	Q	H	B	C	Y	N	V	L	U	L	P	M
B	F	A	B	W	Y	L	C	U	A	D	I	M	B	V	M	Y	R	O	Z	T
X	I	N	U	Z	P	V	R	F	P	F	F	I	A	D	S	Z	F	H	T	A
G	V	O	T	Q	W	V	M	K	T	R	V	R	S	S	N	D	V	Z	K	S
A	U	T	O	O	R	G	A	N	I	Z	A	C	I	O	N	X	F	W	I	L
D	D	E	N	X	Q	P	C	A	B	W	P	M	Q	Q	Y	E	A	V	X	O
N	W	C	A	P	M	Z	R	M	U	N	D	H	O	C	U	F	O	W	B	X
J	O	N	N	L	L	O	Z	Y	P	X	D	C	L	H	E	U	T	X	I
B	F	O	M	S	M	Q	C	B	W	R	G	G	L	G	E	G	Z	N	U	K
X	P	L	R	I	U	H	I	R	E	S	Z	X	D	O	N	C	O	B	O	A
E	C	O	F	D	G	O	C	F	R	P	O	L	Z	Z	W	P	U	W	N	V
Q	T	G	C	G	Y	Z	L	L	J	A	D	R	K	J	E	H	P	L	K	T
P	D	I	E	D	I	H	O	S	T	G	U	E	S	T	R	J	L	P	A	C
G	E	A	Z	X	P	T	F	S	R	P	H	T	C	J	E	J	V	T	U	R

Autoensamblaje   **Nanotubo**   **Autoorganización**
Macrociclo   **HostGuest**   **Nanotecnología**
Supramolecular

Grafeno: Propiedades

F	F	Q	N	L	I	M	A	U	F	B	F	C	L	V	X	G	P	O	Y	S	P	S	J
E	Y	C	K	Y	Z	Z	P	F	B	S	S	W	N	A	Y	U	B	Y	E	J	T	E	V
S	W	D	X	U	G	R	S	M	W	L	P	N	A	L	D	F	G	I	O	L	N	H	A
K	A	G	M	T	Y	P	N	X	J	D	O	L	S	K	T	H	Q	V	O	D	U	Y	Y
C	A	A	U	T	B	V	I	C	C	X	Q	M	F	X	L	U	O	U	I	F	J	X	R
A	U	J	C	E	O	R	E	G	I	L	C	V	T	S	X	J	J	V	F	B	Y	Y	I
O	Q	P	O	I	S	T	J	B	B	V	Z	T	R	G	P	V	J	U	B	P	K	L	R
S	A	S	N	Z	R	E	T	S	D	Q	P	E	A	I	A	W	J	P	V	A	S	P	W
T	B	W	D	E	U	T	N	P	A	S	P	T	O	U	U	Z	X	C	C	N	S	T	Y
U	U	O	U	A	A	T	C	O	D	A	B	E	X	J	U	Y	S	Z	U	V	A	H	W
J	N	F	C	E	C	O	D	E	I	B	D	E	P	L	J	S	C	X	V	X	W	N	G
D	V	X	C	P	K	L	Y	O	L	C	Z	A	J	N	V	J	C	Q	J	G	S	Z	D
Z	A	J	I	Z	H	Y	E	D	I	E	A	I	Q	B	Q	B	B	L	I	X	T	L	O
N	Q	I	O	S	N	C	R	O	B	J	N	C	G	K	S	P	B	R	E	H	S	U	I
F	V	R	N	U	G	M	C	H	I	U	Q	O	I	R	P	R	Y	I	J	G	R	M	Y
V	J	A	T	V	L	H	O	W	X	L	Y	J	I	L	G	Z	U	S	A	M	T	R	Y
G	V	T	E	D	C	Y	X	U	E	E	B	F	G	C	P	Q	M	O	P	R	K	S	Z
I	Z	N	R	F	Z	M	D	U	L	P	T	Z	Q	B	C	A	J	V	Y	N	W	L	W
B	D	O	M	F	W	R	Q	A	F	B	C	S	S	C	S	U	I	Q	U	O	X	J	L
G	I	T	I	J	N	H	D	L	V	X	S	K	N	G	H	Q	D	T	A	Y	J	S	N
V	X	O	C	X	H	R	M	A	A	I	C	N	E	R	A	P	S	N	A	R	T	P	A
J	H	I	A	N	M	S	I	B	I	W	B	D	N	J	P	X	X	N	O	Y	E	Z	B
O	K	X	L	N	F	H	A	R	O	T	Y	W	Y	U	Y	A	O	V	I	C	E	F	S
K	B	I	R	J	C	D	U	F	Y	B	G	F	S	W	E	A	P	W	N	I	F	B	K

ConducciónEléctrica   ConducciónTérmica   Fuerte

Ligero   Flexibilidad   Transparencia

Aplicaciones

Bioquímica

R	C	Q	J	S	W	F	I	C	J	K	J	S	I	B	Z	O
L	O	F	U	S	I	Q	S	V	A	G	B	B	O	M	N	L
E	C	T	B	V	R	S	X	V	Q	F	S	T	E	O	Q	H
Z	A	U	D	C	N	S	I	R	K	P	X	P	I	Z	F	U
Y	Q	U	M	Z	O	F	V	L	T	F	W	C	S	D	O	W
W	Y	B	P	Q	T	E	S	D	O	Y	A	O	U	O	T	L
L	B	I	N	G	W	A	M	B	Q	C	D	P	N	R	O	O
B	R	E	N	Z	I	M	A	I	I	R	U	C	K	K	S	A
S	M	W	Y	R	S	H	K	L	A	A	A	L	D	L	I	A
J	E	M	A	W	J	X	P	R	D	W	V	X	G	C	N	Y
C	V	P	R	O	T	E	I	N	A	Q	B	W	L	C	T	F
I	F	N	P	N	R	A	V	E	F	S	Q	C	F	U	E	F
E	V	Y	K	D	P	B	B	D	P	X	V	O	F	K	S	J
G	V	A	K	X	N	E	C	N	G	P	X	Y	M	Q	I	D
X	E	V	K	Q	I	K	O	E	U	Z	R	V	Z	H	S	Z
W	P	I	T	W	Z	M	W	D	J	R	W	W	P	L	D	L
M	R	Z	N	G	F	A	P	B	Z	S	I	I	E	P	F	E

ADN   **ARN**   Proteína
Enzima   **Fotosíntesis**   Glucólisis
Replicación

Química Verde

A	U	I	C	X	N	Q	E	L	T	Q	O	C	K	B	A	X	C	O	I	K	P	L
L	I	G	M	D	C	D	U	S	F	E	Z	B	E	I	C	V	P	B	F	Y	E	Z
Y	L	R	H	M	Y	E	K	X	G	Z	S	I	D	N	G	Z	U	Z	E	C	Z	U
B	U	R	E	P	L	B	C	U	R	I	M	R	O	S	S	F	A	L	V	Z	I	W
D	T	Q	U	N	X	S	V	O	S	L	D	H	H	O	W	L	B	F	O	B	H	R
T	P	X	J	J	I	E	J	I	E	Q	X	Y	Q	L	Q	I	B	J	A	W	K	G
D	J	Z	I	F	R	F	L	Q	M	F	R	G	H	V	N	X	P	D	Y	Z	V	Z
G	E	A	N	M	R	A	E	B	G	O	I	N	X	E	W	C	V	P	Q	T	L	E
V	A	R	U	E	T	I	I	R	A	O	G	C	T	N	V	L	W	N	A	U	W	S
D	W	G	D	A	J	S	S	H	R	V	F	S	I	T	D	B	M	S	H	C	Q	M
K	B	E	C	X	G	H	W	H	I	O	O	G	G	E	Y	S	O	F	F	Q	N	E
C	M	O	R	J	L	C	L	F	E	S	I	N	S	V	N	Q	D	K	J	Y	Z	O
O	I	V	V	J	W	D	T	R	S	P	J	B	E	E	H	T	N	T	E	R	M	Q
B	Z	B	A	Q	B	O	B	I	J	U	R	A	V	R	M	Q	E	H	I	M	X	R
E	K	Q	G	H	K	M	S	R	O	Q	J	Z	S	D	A	Y	G	G	U	Q	K	H
N	E	R	C	O	C	E	V	C	J	T	O	F	F	E	M	I	L	B	G	B	A	R
H	A	M	M	R	T	C	Q	J	Q	D	Y	I	D	P	H	B	G	B	D	E	Z	X
O	N	G	I	N	E	B	O	V	I	T	C	A	E	R	I	E	D	R	P	P	L	L
O	P	V	I	H	Y	J	P	V	O	F	C	X	E	V	O	S	A	B	E	G	E	X
L	V	S	G	I	K	D	B	C	E	I	N	X	S	H	O	A	P	W	J	N	D	J
Q	E	F	P	E	F	F	U	B	V	M	V	J	W	P	L	W	J	R	C	I	E	G
N	T	R	F	H	X	K	R	Y	Q	W	P	W	D	Y	X	H	Q	P	V	T	X	E
J	D	J	G	C	Z	H	P	Y	R	R	B	E	A	V	R	J	A	B	P	H	M	T

SíntesisSostenible   Biocatálisis   SolventeVerde

ReactivoBenigno   Biorrefinería   EnergíaRenovable

Ecoeficiente

Química Forense

S	L	I	A	H	D	B	E	N	A	E	I	Q	P	D	X	I	Q	C
P	F	U	F	C	B	U	D	Y	M	X	H	F	F	P	S	W	W	O
V	K	L	F	O	I	S	U	S	L	B	K	B	E	X	P	Q	C	R
J	B	O	C	R	O	M	A	T	O	G	R	A	F	I	A	I	P	T
E	O	I	H	T	O	X	I	C	O	L	O	G	I	A	M	S	N	I
E	S	A	D	B	X	S	S	U	P	E	U	W	A	I	A	F	I	D
H	K	P	I	N	L	D	H	G	Q	B	J	Q	U	R	Q	D	S	E
A	D	X	E	U	C	S	L	B	X	A	B	Q	B	K	B	L	L	O
S	H	S	I	C	X	O	N	G	K	K	L	I	P	Y	U	L	U	R
K	J	B	H	A	T	U	E	O	P	I	F	L	W	B	O	G	C	Z
Z	Z	V	Q	M	R	R	G	N	F	S	O	X	E	M	B	J	L	W
F	S	X	G	M	Z	D	O	R	I	Z	T	I	D	U	S	W	S	Y
D	A	H	R	F	C	M	E	S	D	X	U	W	N	Z	H	T	J	G
F	E	H	F	F	G	P	I	X	C	K	J	N	U	I	S	N	A	P
H	K	A	L	T	N	L	C	H	D	O	M	V	U	R	Q	S	A	H
H	A	W	D	B	A	R	F	X	G	O	P	F	P	L	U	M	T	E
S	Z	Q	J	N	J	T	H	H	N	Y	A	I	Q	J	G	S	B	G
G	U	O	A	B	O	T	K	I	G	L	L	X	A	M	M	A	T	Z
M	Z	P	X	E	Y	Q	B	Y	L	Z	D	R	M	S	F	X	S	D

Espectroscopía   Cromatografía   HuellaQuímica

ADN   Toxicología   AnálisisFibras

PerfilQuímico

Química Medicinal

B	I	B	N	X	Z	E	T	C	Q	J	P	B	C	B	U	H	S	L	Z
J	N	F	Q	R	Y	Y	N	Y	U	K	B	P	U	I	M	L	R	W	O
J	A	O	W	L	N	T	U	U	I	K	W	A	H	E	H	R	Q	F	L
U	K	P	Y	G	N	J	T	R	M	O	Y	J	T	P	S	I	G	P	W
C	J	P	W	S	C	F	I	M	I	P	E	F	W	P	G	S	Y	M	G
E	B	G	I	O	N	N	L	X	O	H	T	X	K	B	E	S	U	I	P
O	I	Y	Y	T	H	R	H	F	T	O	I	L	D	Z	N	E	X	P	X
J	O	I	H	N	E	F	U	G	E	Z	T	S	Z	Y	I	A	B	B	M
N	E	S	O	E	H	R	F	A	R	M	A	C	O	O	L	H	K	T	R
Q	N	G	F	I	D	Y	A	M	A	X	G	G	F	P	V	E	K	I	N
Q	S	G	T	M	O	C	V	P	P	K	H	H	T	H	R	P	D	A	D
L	A	G	T	I	Q	B	L	P	I	E	V	D	T	P	W	S	A	K	M
P	Y	W	Z	R	O	W	L	A	A	A	X	B	T	G	L	P	D	K	X
J	O	K	O	B	S	T	U	E	V	H	G	A	Z	Q	W	Z	N	Y	G
N	Z	H	R	U	L	B	E	G	C	B	M	E	T	R	G	E	W	B	G
E	E	F	J	C	Y	D	E	N	G	P	F	H	N	D	N	B	B	R	K
R	F	P	S	S	Y	J	W	I	Q	N	I	A	C	I	J	N	J	B	N
K	X	S	D	E	J	U	N	S	B	H	P	Z	W	Y	C	C	E	Q	K
W	V	X	J	D	C	O	A	E	A	T	Q	U	C	W	X	A	E	I	S
A	L	H	Y	Q	O	R	O	F	O	C	A	M	R	A	F	F	H	G	A

Fármaco

QSAR

Quimioterapia

Descubrimientos

Farmacóforo

Bioensayo

TerapiaGénica

Q.Organometálica

P	O	L	K	D	O	C	J	T	M	N	X	T	I	H	A	A	D	D	V	X	X	V
V	B	B	N	N	J	L	S	X	U	V	E	C	H	D	G	Z	J	Y	J	L	E	N
S	C	A	F	M	L	G	A	C	O	M	P	U	E	S	T	O	S	Q	S	H	O	K
H	V	E	Y	E	X	J	U	G	B	B	M	M	C	A	F	D	Z	W	A	D	T	W
Q	T	N	G	P	E	N	D	F	A	V	L	U	T	Y	F	U	B	D	W	Z	B	X
L	K	E	H	L	O	H	L	Z	U	R	Y	F	V	Q	Y	G	B	M	V	G	P	C
Y	K	G	L	R	N	Y	O	A	T	O	Z	U	I	T	Y	R	S	R	K	X	V	
Y	Z	O	Q	W	E	O	B	V	O	E	I	G	T	I	O	M	Z	L	Y	G	W	N
P	O	M	P	C	C	Q	Q	A	G	T	W	W	W	M	I	P	V	A	P	S	Q	W
O	P	O	M	T	O	D	J	K	B	O	Q	J	H	Q	G	Z	A	M	R	E	C	F
P	Y	H	M	Y	L	R	P	M	E	E	O	U	T	Q	V	D	C	J	A	X	C	Y
K	L	S	H	E	A	P	K	N	X	E	V	U	I	X	T	E	X	Z	Q	U	H	
G	N	I	B	Z	T	X	V	R	F	W	P	B	G	B	I	Y	V	X	R	L	P	R
D	U	S	M	V	E	A	I	X	U	R	E	L	L	U	B	Y	L	I	J	J	W	X
W	K	I	P	K	M	I	L	J	O	Q	I	Y	R	J	X	A	A	U	T	F	S	A
E	O	L	F	O	J	N	N	C	U	G	F	S	Z	S	G	T	H	Q	J	O	P	P
F	Y	A	H	C	I	W	D	N	A	S	O	J	E	L	P	M	O	C	M	P	B	P
D	Y	T	A	M	N	R	S	N	V	R	K	D	L	M	D	A	Q	V	C	C	F	W
D	N	A	Z	A	I	T	D	U	Z	U	B	Q	Z	O	S	F	A	F	R	Z	K	V
I	M	C	X	E	A	O	Q	R	O	P	Y	O	B	O	K	K	U	W	N	R	H	D
A	M	S	P	O	S	I	E	I	G	P	Z	T	N	L	Z	F	P	K	F	V	M	M
B	G	M	W	P	F	A	R	Y	L	T	W	V	R	O	N	E	C	O	R	R	E	F
V	Y	V	I	J	Z	R	A	K	F	C	S	A	V	D	W	Q	E	Z	R	U	D	Z

MetalCarbono   Ferroceno   CatálisisHomogénea

ComplejoSandwich   LigandosPi   Compuestos

Metaloceno

Química Teórica

J	W	I	X	U	E	V	N	Q	Z	Y	P	H	A	H	L	Q	N	Z	L	V
T	J	G	V	M	E	T	O	D	O	A	B	I	N	I	T	I	O	H	T	J
X	H	N	U	M	M	Y	Y	R	R	X	T	E	C	N	S	S	I	Q	T	W
R	J	N	I	G	A	Y	N	C	A	O	C	O	P	C	E	O	Q	D	U	D
E	A	R	R	K	T	B	A	A	L	B	U	P	S	S	M	B	E	O	H	I
G	F	L	K	R	V	L	U	G	D	H	P	H	M	S	C	R	A	V	V	W
N	J	C	U	T	A	A	I	P	C	P	V	G	T	R	U	T	T	R	H	A
I	L	G	R	C	O	Z	A	M	E	P	T	R	W	F	W	D	S	O	J	F
D	V	W	M	B	E	P	L	V	L	J	K	B	G	I	E	P	U	M	D	X
O	S	B	K	S	M	L	V	M	O	U	J	W	D	N	B	A	P	K	G	J
R	B	B	F	S	Y	Y	O	A	M	N	C	U	S	G	C	U	G	P	F	N
H	Z	A	I	I	K	H	Y	M	O	I	M	I	I	A	W	T	E	Y	L	C
C	Y	V	C	E	E	V	D	B	L	G	D	J	D	B	B	U	O	K	I	U
S	X	M	O	I	J	E	Z	D	E	A	G	U	V	T	Z	M	W	C	T	Y
T	M	I	O	U	M	J	K	I	D	G	T	Y	H	O	Y	W	O	L	I	N
N	M	V	G	R	F	A	W	X	O	I	L	I	O	L	F	J	W	F	Y	Y
T	L	W	K	L	X	M	N	G	M	G	R	C	B	D	L	G	J	Z	X	J
G	H	Z	Z	L	E	W	T	I	H	Y	Y	G	U	R	M	L	P	G	P	N
C	Q	I	T	E	O	R	I	A	D	E	G	R	U	P	O	S	P	J	Y	I
U	R	O	N	H	B	H	S	U	R	I	R	E	K	B	Q	R	L	C	Q	V
U	Y	W	U	L	G	S	F	T	L	W	A	H	I	D	T	O	D	F	H	U

Densidad   TeoríaDeGrupos   MétodoAbInitio
ModeloMolecular   Schrödinger   OrbitalMolecular
Dinámica

Q. Estado Sólido

N	U	G	C	K	S	Z	N	S	A	S	M	V	X	D	Q	P	I	R	P	S	N	M
C	Y	D	T	C	A	O	D	U	A	L	D	X	I	A	P	G	Q	G	X	A	C	D
I	W	S	A	U	T	S	S	P	R	J	J	H	S	Q	Y	V	J	W	T	Q	J	S
O	E	I	U	Y	D	N	A	O	D	Z	A	P	C	X	O	P	F	A	F	V	D	K
U	P	T	F	P	M	G	B	F	R	L	J	H	T	Z	G	B	R	I	J	P	S	T
A	P	A	S	O	E	X	O	X	R	O	W	M	N	I	A	U	C	O	N	V	Z	H
V	K	L	D	L	X	R	S	T	A	O	P	D	K	J	T	P	I	L	F	M	R	C
E	E	N	J	I	Y	B	C	E	K	G	A	I	V	C	T	Q	V	U	Y	L	N	E
Q	V	N	W	M	A	J	R	O	R	O	P	F	U	N	R	F	V	R	N	V	G	C
J	L	E	P	E	Y	V	I	S	N	O	X	R	L	V	Q	Z	N	Q	A	E	O	A
T	Q	U	G	R	M	X	S	T	S	D	T	A	J	E	Q	J	N	H	S	Z	R	B
B	H	Z	I	O	A	B	T	V	Y	S	U	C	S	W	E	Q	Z	U	Z	H	D	X
O	Y	D	Y	S	S	Y	A	O	E	E	Y	C	U	J	F	Z	R	L	O	R	V	M
W	I	A	Q	W	X	B	L	B	Y	M	X	I	T	D	G	D	J	F	C	N	L	B
G	P	A	H	B	B	M	I	F	I	W	W	O	K	I	N	Y	Y	E	O	L	T	L
L	J	E	D	L	E	A	N	G	Z	I	M	N	G	Y	V	O	P	O	O	C	S	K
O	T	R	Y	W	L	M	O	L	N	T	B	R	E	U	D	I	C	O	W	F	A	L
Z	C	W	S	V	Z	G	S	U	B	A	I	A	Z	I	U	W	D	I	U	N	O	G
T	C	N	A	I	B	M	V	X	P	Z	L	Y	Z	O	I	F	J	A	M	R	L	Y
O	X	U	V	D	A	Q	I	S	O	D	N	O	Q	J	K	W	P	F	D	E	K	I
L	Z	E	F	A	I	Z	O	P	J	S	H	S	H	H	M	P	W	Y	G	T	S	G
T	V	O	E	B	Z	Y	J	S	D	W	R	X	B	E	L	R	E	W	Q	Y	Y	R
V	O	P	H	K	I	J	X	A	T	K	P	K	D	K	L	S	K	S	A	A	J	G

Cristalinos	DifracciónRayosX	Estructura
Semiconductores	Superconductividad	Porosos
Polímeros		

Química del Color

U	G	W	U	L	V	F	A	N	M	H	M	K	L	X	L	R	C	H	T	F	K
D	W	X	R	D	O	Z	E	I	S	P	K	C	V	U	Z	U	W	I	H	C	Q
T	M	Y	Y	E	B	M	O	H	X	D	Z	G	H	A	B	E	A	W	M	C	H
S	P	Z	P	I	Y	T	E	D	W	O	S	F	W	W	C	S	I	X	W	F	L
C	L	O	W	M	N	U	N	M	I	U	B	A	S	W	A	P	K	P	F	G	R
Y	K	D	F	B	K	W	M	V	L	X	X	A	Y	C	V	E	J	I	F	L	V
D	B	S	C	S	J	S	Q	U	B	F	U	M	A	W	S	C	X	G	O	W	R
H	I	O	P	U	G	X	I	T	P	L	D	O	Q	P	O	T	V	M	W	V	G
Z	L	V	R	M	F	T	N	N	S	Q	W	C	A	G	X	R	H	E	C	Y	N
O	S	U	O	O	W	L	W	H	T	T	E	C	K	O	Y	O	I	N	X	L	Y
P	V	O	O	L	F	L	S	J	F	E	I	G	X	Q	K	A	A	T	C	J	R
T	O	J	G	R	X	O	C	R	F	O	S	R	Q	W	I	B	E	O	C	K	P
T	X	F	N	N	V	H	M	Y	C	R	Q	I	B	B	H	S	L	B	Y	E	X
A	X	W	W	I	I	X	T	O	T	I	T	J	S	A	D	O	R	E	D	D	U
L	U	Q	Z	W	J	I	L	J	R	A	N	M	O	A	R	R	M	X	T	O	C
B	G	A	L	T	E	O	J	L	Y	C	Q	K	Q	A	D	C	S	U	O	G	Q
V	U	K	V	N	R	Y	S	I	S	O	Y	H	N	V	V	I	N	J	P	C	A
G	Y	N	R	O	M	I	T	D	T	L	N	T	P	P	W	O	T	C	V	L	N
R	X	U	C	M	C	E	Z	J	K	O	E	H	Q	K	W	N	Y	I	A	L	F
F	Z	M	K	E	S	V	S	J	Q	R	T	M	Z	X	A	H	D	O	V	W	R
Q	Z	T	R	Y	T	Z	N	X	C	S	H	Z	R	U	N	Q	M	N	X	A	V
G	F	M	D	E	K	G	O	D	L	T	J	L	H	I	H	E	A	R	B	Z	S

Cromóforo   EspectroAbsorción   Colorante
Pigmento   EspacioColor   TeoríaColor
SíntesisAditiva

Q. Computacional

R	W	I	Z	V	G	K	G	I	N	V	C	X	O	P	E	O	R	N	V
E	C	T	O	Y	N	S	Z	A	O	Y	H	B	V	K	X	O	I	M	B
P	T	O	N	Q	D	N	F	D	I	F	N	Q	R	Y	S	F	C	H	I
J	V	F	F	V	K	N	F	W	T	C	J	U	N	Q	S	N	H	K	Y
N	H	Y	W	L	W	Q	V	D	I	U	M	I	G	D	W	C	V	H	F
I	D	W	D	D	A	D	I	S	N	E	D	M	H	T	M	J	E	B	H
G	M	S	A	N	T	X	V	B	I	V	Y	I	B	U	P	E	T	R	L
W	A	O	U	L	R	T	P	T	B	M	B	C	Y	A	C	S	L	S	C
O	S	G	P	I	V	L	F	J	A	U	H	A	E	C	Z	F	N	A	O
K	Y	I	X	W	K	M	Z	W	S	X	N	C	C	H	B	J	X	O	P
Y	W	M	M	Y	K	J	E	W	O	J	A	U	V	B	M	W	S	Z	V
J	T	C	Y	U	P	A	A	B	D	G	H	A	B	P	Y	P	A	R	A
D	Z	A	I	Q	L	X	C	O	O	V	Z	N	D	E	R	C	M	J	D
D	E	Z	Z	R	J	A	D	J	T	Z	K	T	X	F	J	Q	A	D	I
L	W	N	H	N	C	A	C	K	E	D	Z	I	E	M	D	Z	R	L	V
D	Q	U	K	T	L	M	Q	I	M	O	S	C	R	W	V	R	G	P	P
M	O	N	T	E	C	A	R	L	O	P	M	A	X	R	S	B	O	I	H
O	S	Q	D	E	J	X	J	L	N	P	T	B	W	K	B	R	G	O
Y	H	O	W	U	C	R	N	C	Q	N	O	O	P	K	V	S	P	F	I
D	M	P	Z	Z	J	R	H	B	R	H	M	H	U	E	C	G	M	J	G

Modelado   **MonteCarlo**   **Densidad**
Simulación   **QuímicaCuántica**   **Programas**
MétodosAbInitio

Química Alimentos II

Z	T	B	G	U	X	R	T	A	C	E	A	B	E	X	L	A	O	C	A	R	Z
Y	Q	C	S	Q	C	O	Y	R	K	I	T	D	D	J	U	M	U	P	J	Y	P
R	H	Q	Y	E	Z	D	N	R	L	G	K	O	F	S	H	N	X	B	U	K	A
Y	C	Y	D	R	E	A	F	T	J	Z	C	B	J	U	N	U	N	V	W	G	C
F	Y	O	N	N	M	S	Q	D	E	W	Q	U	G	H	A	L	J	G	M	O	U
Q	H	F	N	D	X	E	C	X	G	R	H	V	I	B	C	P	S	M	G	V	S
P	X	E	J	S	P	C	J	J	Z	F	M	V	D	D	W	R	F	T	M	W	V
L	Y	U	T	Z	E	O	U	B	E	E	J	A	E	I	K	G	O	R	N	L	U
N	V	N	S	H	V	R	U	Q	H	R	C	M	P	T	J	F	G	Q	S	A	W
F	U	L	B	L	X	P	V	E	O	M	V	S	R	S	O	E	I	X	D	V	U
D	H	J	K	G	U	B	E	A	K	E	M	K	E	Q	Y	B	B	F	K	P	E
P	Y	T	H	B	D	C	H	P	N	U	T	R	I	E	N	T	E	S	Y	D
I	B	L	G	U	T	U	Y	L	N	T	N	T	F	E	E	G	M	N	J	Y	Y
I	C	K	O	D	F	P	R	V	P	A	E	Y	W	X	P	G	N	X	S	O	J
M	H	M	C	H	I	U	H	U	Z	C	H	S	A	Q	R	A	P	N	O	W	Z
K	B	W	F	Q	P	T	Z	I	T	I	M	X	B	O	H	V	C	P	V	F	L
L	R	E	K	D	N	W	T	S	P	O	W	Q	S	Q	H	X	M	U	I	B	J
N	N	P	W	Q	S	A	X	I	F	N	D	A	P	S	L	U	R	X	T	I	N
C	M	M	M	D	M	N	Q	T	R	A	K	S	C	Z	I	F	D	U	I	N	B
Q	C	L	G	O	K	W	W	X	G	T	F	C	O	Z	N	P	Z	D	D	E	C
O	P	T	R	X	U	U	S	C	C	S	E	L	L	R	N	V	L	A	X	F
A	N	A	L	I	S	I	S	S	E	N	S	O	R	I	A	L	X	W	C	D	W

Aditivos   **Fermentación**   **AnálisisSensorial**
Nutrientes   **Aromatizantes**   **Conservantes**
Procesado

Q. Atmosférica

V	F	E	F	S	E	L	O	S	O	R	E	A	C	G	T	P	A	P
O	U	D	C	U	R	G	D	N	Z	J	R	W	M	U	Q	G	V	Y
P	R	Q	A	Q	J	I	B	O	L	R	D	Q	W	R	E	O	Z	C
O	G	W	C	S	V	U	N	P	V	O	I	Q	L	W	M	L	L	C
F	T	M	I	E	P	J	R	M	A	O	G	K	F	B	F	Z	N	C
N	S	O	M	L	P	Y	X	D	X	T	J	Q	I	C	W	Z	T	Z
O	U	S	I	G	C	D	I	W	C	I	C	Y	G	K	U	B	Y	B
N	T	X	U	K	H	X	E	P	T	N	I	Q	M	N	W	T	R	G
N	N	A	Q	V	O	A	S	F	E	S	R	G	O	M	S	A	V	R
T	L	F	Q	A	A	L	B	I	N	M	B	N	R	O	W	K	W	Y
W	W	W	H	U	U	T	O	G	W	P	O	D	P	F	L	W	U	Q
Z	S	N	I	V	C	S	V	C	Z	Z	P	K	Z	C	C	T	I	A
D	P	T	I	H	N	W	L	W	O	Q	R	G	F	Z	I	Z	W	U
Y	W	M	X	P	X	T	L	C	P	T	O	V	Y	M	Z	E	V	L
Z	D	A	T	X	Z	O	X	B	T	E	O	C	Y	C	M	G	Q	A
M	C	C	M	M	L	I	R	X	X	V	V	R	I	Z	G	U	R	E
H	Z	A	T	M	N	G	H	P	O	Q	M	X	P	S	Y	Y	J	V
G	F	E	D	K	I	A	D	I	C	A	A	I	V	U	L	L	J	L
N	O	I	C	A	N	I	M	A	T	N	O	C	P	G	U	O	O	C

Contaminación   Smog   Ozono
LluviaÁcida   Aerosoles   Química
ProtocoloKioto

Química Marina

O	N	I	R	A	M	O	N	O	B	R	A	C	O	L	C	I	C	N	J	M	D	C
C	J	A	C	B	S	B	Q	L	S	E	F	J	Q	A	W	E	U	U	U	K	J	M
X	O	U	P	D	L	U	I	C	S	C	A	U	E	M	W	B	Z	Q	M	K	Y	J
D	I	F	H	V	Q	D	O	O	U	R	N	U	T	R	H	J	P	M	Q	Y	I	F
A	Z	L	B	J	V	U	N	E	L	F	D	A	B	E	Y	L	A	E	I	R	D	N
L	J	O	W	E	K	J	D	M	F	U	T	Z	V	T	Y	A	Y	W	Y	M	W	W
Y	R	U	Y	H	J	N	D	I	U	T	M	D	W	O	E	L	F	D	I	F	Y	X
N	P	J	Z	U	R	L	K	P	R	E	L	I	W	R	S	P	B	B	D	W	U	N
K	P	H	S	H	R	T	J	S	O	T	X	R	N	D	X	J	M	X	V	B	Y	J
G	A	S	D	Y	P	L	M	X	M	X	Q	Z	U	I	E	Q	X	B	T	O	W	W
E	H	L	I	G	R	Q	X	U	E	U	L	B	Z	H	S	F	L	T	S	P	W	W
C	K	N	C	W	F	Y	Q	D	T	W	L	Q	K	A	Z	C	N	U	U	P	Z	N
Q	V	S	J	U	C	C	S	Q	A	J	H	P	K	M	N	S	E	O	R	S	X	I
S	P	Z	H	U	Z	E	R	L	L	K	D	Q	O	U	K	D	L	N	E	B	H	M
H	N	D	P	W	Y	S	G	K	I	U	F	N	P	L	F	I	W	P	C	V	M	C
K	L	M	U	A	W	A	V	K	C	J	V	P	R	P	I	N	S	P	X	I	A	T
G	N	C	X	E	S	U	N	G	O	M	E	W	B	P	Q	A	C	J	P	O	A	L
Y	H	H	W	N	B	B	F	A	O	G	U	C	W	U	M	L	B	T	K	V	Y	D
K	K	F	E	X	I	A	N	O	I	C	A	C	I	F	I	D	I	C	A	N	E	M
H	L	G	U	V	B	K	O	R	M	S	V	E	A	C	I	N	A	E	C	O	U	E
D	E	J	V	D	D	Y	A	X	V	R	J	X	U	D	B	T	A	Z	T	D	C	O
U	W	Q	N	Y	Z	H	S	J	G	Y	Z	H	X	Q	X	T	N	G	W	P	B	C
V	U	H	U	C	H	R	V	P	M	I	X	U	A	M	J	J	I	N	E	S	L	F

Oceánica	CicloCarbonoMarino	Acidificación
SulfuroMetálico	PlumaHidrotermal	Bioluminiscencia
Algas		

Polímeros Adicionales

E	W	S	R	U	I	C	K	D	I	R	N	W	F	R	R	W	G	X	S	U	Y
Z	U	F	J	B	B	F	K	O	N	A	T	E	R	U	I	L	O	P	X	A	G
A	Q	U	S	D	W	Z	E	H	N	H	N	P	A	B	X	R	C	G	A	Y	M
C	W	E	I	S	F	M	U	X	W	E	I	O	L	H	X	W	H	Z	I	I	Q
C	O	V	F	B	U	U	I	O	M	T	L	L	S	K	L	Z	Y	I	H	O	T
M	E	K	G	O	M	J	M	G	J	D	V	I	B	R	Y	E	A	F	K	L	A
K	P	M	M	J	E	L	C	Y	V	W	K	A	T	U	D	S	U	N	W	J	K
W	V	O	R	O	T	D	W	C	V	L	P	C	F	E	X	E	A	W	R	V	L
P	D	Q	L	M	T	W	K	G	H	H	O	R	B	W	I	Y	Q	G	J	O	U
W	F	V	U	I	E	O	T	H	S	K	L	I	W	F	Y	X	P	W	Y	H	U
X	J	Q	O	N	E	R	I	T	S	E	I	L	O	P	F	G	O	L	I	H	I
A	D	P	V	X	M	S	L	W	K	V	S	O	Q	D	N	X	L	I	D	G	X
G	C	B	L	L	D	P	T	K	Z	S	A	N	B	A	J	Z	I	L	L	D	N
U	M	J	V	T	V	L	Q	E	E	Z	C	I	N	U	I	G	P	A	G	O	N
I	D	Y	E	J	L	O	H	U	R	E	A	T	F	A	X	J	R	Z	C	R	P
A	J	E	T	S	J	W	M	Z	B	G	R	R	V	Z	T	T	O	K	Q	I	Z
Y	Y	L	H	C	T	Y	O	L	T	D	I	I	R	D	G	I	P	I	J	I	R
A	B	K	G	F	K	Q	K	N	K	W	D	L	K	J	Z	K	I	G	K	E	X
R	T	Z	U	S	V	Q	I	A	X	W	O	O	F	H	G	T	L	H	L	H	K
C	S	I	B	S	V	O	F	Q	J	R	S	U	C	L	K	R	E	Z	A	Q	L
L	D	V	G	B	S	P	I	Z	E	I	N	O	F	H	Q	T	N	M	Z	Z	T
Y	D	X	I	A	R	N	R	U	Y	B	I	R	W	W	N	I	O	U	K	O	I

Polipropileno   **Poliestireno**   **Poliéster**
Poliuretano   **Polisacárido**   **Polioxietileno**
Poliacrilonitrilo

Química Industrial

G	A	P	Y	T	D	H	M	N	O	V	N	L	R	N	N	R	C	Y	D	U
P	Y	G	T	U	V	Q	W	C	D	G	C	M	G	F	M	W	G	K	R	R
T	R	B	F	J	M	C	T	T	V	R	C	T	U	P	R	Q	B	R	E	Y
J	O	O	M	S	L	N	R	K	J	J	X	R	R	L	L	L	K	F	K
N	O	I	C	A	Z	I	R	E	M	I	L	O	P	F	R	M	T	R	I	M
J	L	R	X	E	N	F	G	O	I	W	C	S	Q	A	F	G	P	W	N	T
P	J	E	A	J	S	C	I	O	W	E	X	Y	D	Z	F	N	P	Q	A	Q
W	W	Y	H	O	K	O	M	P	S	U	L	V	Q	F	O	J	N	E	D	T
Q	C	P	K	D	E	B	C	O	U	J	L	U	U	Y	E	E	M	L	O	Y
K	P	W	A	R	B	C	S	O	H	A	B	E	R	B	O	S	C	H	P	H
C	X	H	P	S	L	O	I	K	N	S	G	T	V	P	H	K	W	C	E	M
I	M	E	C	K	L	S	O	P	D	T	S	C	U	J	J	K	O	S	T	R
F	J	W	S	V	V	I	U	J	P	Y	A	Y	D	L	B	W	Q	N	R	U
R	E	Y	A	B	O	S	E	C	O	R	P	C	J	Z	D	H	Q	V	O	W
C	U	Y	R	V	G	L	U	S	K	Z	X	U	T	C	J	D	V	L	L	S
V	H	B	V	X	L	P	Q	G	L	I	E	U	R	G	N	Q	J	N	E	M
J	I	X	L	I	V	S	Y	P	I	X	N	F	P	Z	P	L	O	X	O	L
A	R	U	I	N	L	F	V	U	H	E	W	O	P	V	A	L	P	O	H	U
V	M	J	P	S	Y	S	W	K	K	O	L	B	N	F	J	R	G	M	P	H
Y	Q	D	R	S	T	I	S	X	D	Y	P	D	T	I	A	V	J	Y	B	Y
L	S	I	N	T	E	S	I	S	A	M	O	N	I	A	C	O	W	S	W	O

HaberBosch	RefinadoPetróleo	ProcesoBayer
SíntesisAmoníaco	Polimerización	ProcesoSolvay
ProcesoContact		

Química Petróleo

Q	F	M	A	X	O	Q	A	U	T	R	W	N	I	C	F	A	X	C	J	Y	S
P	F	C	Z	W	C	B	R	N	I	E	W	D	I	U	D	Z	M	L	U	Y	I
Q	V	V	E	A	I	I	A	B	I	E	S	A	L	J	Y	Z	O	K	R	T	F
M	T	Y	W	N	T	G	Y	A	W	C	Q	O	J	Z	U	T	T	A	X	N	N
U	J	F	Y	Y	I	V	W	I	O	H	R	N	U	K	N	T	Y	H	W	S	O
P	O	L	V	U	L	X	I	B	X	W	A	B	H	E	D	U	Y	H	K	H	H
U	F	I	N	X	A	B	T	G	H	M	A	H	I	G	Y	X	F	Z	I	B	Z
D	I	O	D	V	T	R	U	O	Y	S	A	M	W	K	Y	A	D	P	A	T	R
Q	K	L	W	D	A	W	A	H	C	S	A	W	W	U	I	A	E	A	B	Q	N
V	B	E	Q	N	C	B	P	G	H	N	X	Y	U	D	I	F	C	E	P	B	V
B	M	U	Z	X	O	H	C	C	O	I	Y	Q	H	Z	X	U	P	W	A	H	C
L	J	F	F	S	E	I	W	I	F	R	J	S	E	Z	B	N	E	F	E	M	S
N	P	A	F	U	U	D	C	X	K	L	U	V	J	R	M	K	J	U	T	W	I
F	S	T	Z	I	Q	C	Q	A	A	G	A	E	M	E	V	M	Y	D	G	Q	V
T	Y	I	Z	U	A	F	X	Z	L	G	H	F	B	F	A	G	X	I	S	Z	N
O	G	P	C	R	R	S	L	R	A	I	V	T	R	O	T	B	V	J	E	Z	Y
X	J	G	F	O	C	B	E	S	X	I	T	Z	G	R	Z	O	O	N	M	B	U
Z	C	A	A	M	X	N	O	X	V	Q	F	S	F	M	X	S	M	Q	K	K	Q
Y	Y	G	N	F	X	L	K	Q	R	Q	N	D	E	A	Q	R	Z	B	Y	T	H
F	O	T	N	E	I	M	A	T	A	R	T	O	R	D	I	H	Z	E	E	K	M
E	F	Z	J	N	I	P	W	A	B	K	H	W	P	O	M	C	D	K	W	W	Z
V	V	A	A	V	R	P	F	E	E	T	M	P	X	W	Z	R	Q	Z	S	D	C

Fraccionamiento   CraqueoCatalítico   Reformado
Destilación   Hidrotratamiento   Gasolina
Fueloil

Inorgánica Adicional

E	P	I	P	P	G	X	H	T	V	E	H	L
E	S	W	T	F	O	O	M	Z	M	I	Y	Y
E	M	U	Q	Z	O	M	G	U	I	J	N	E
S	T	T	L	O	T	A	F	S	O	F	O	X
Q	I	K	Y	F	H	L	X	M	M	T	F	P
B	N	L	W	N	U	I	P	N	A	Y	Y	X
Y	V	O	I	O	O	R	U	T	I	N	L
K	X	G	R	C	V	E	O	U	N	J	H	I
U	H	U	G	U	A	B	O	S	Y	A	T	R
H	R	T	J	C	R	T	P	B	X	X	T	K
O	X	Q	S	R	V	D	O	F	L	A	L	V
G	V	I	F	L	Y	Q	I	S	F	O	G	P
K	O	D	N	M	D	T	X	H	I	S	R	Z

Hidruro   **Silicato**   **Fluoruro**
Fosfato   **Nitruro**   **Borato**
Sulfuro

Química. Combustión

F	W	T	K	I	Z	X	O	H	S	P	B	V	Q	A	S
B	E	I	M	E	A	G	N	Y	N	O	O	C	L	Q	C
I	N	L	U	N	O	P	R	U	R	D	W	Y	C	N	E
C	W	P	B	Z	D	Z	P	I	F	Y	Q	R	I	X	P
Q	K	T	K	I	A	L	D	I	R	C	R	H	G	A	C
G	W	Y	M	S	T	V	A	R	R	H	J	H	T	V	R
X	K	A	C	L	E	S	D	F	R	O	C	E	E	L	I
D	Y	I	S	N	L	M	U	C	B	J	L	U	R	Z	E
U	J	J	Y	T	P	G	B	B	T	P	S	I	Z	M	E
I	O	C	A	A	M	A	L	L	M	P	K	V	S	N	Y
J	E	X	P	L	O	S	I	O	N	O	B	F	N	I	D
G	H	S	W	Y	C	M	C	E	U	H	C	Q	S	T	S
K	B	A	Y	Q	S	N	Z	P	S	G	R	W	A	E	Z
B	S	R	O	G	I	A	V	R	P	P	N	J	B	F	T
P	H	J	H	W	B	U	X	T	E	R	M	I	C	A	C
H	O	S	B	A	F	V	B	G	T	J	I	W	I	P	K

Combustible	**Completa**	Incompleta
Pirólisis	**Llama**	Explosión
Térmica		

Química. Los Aromas

P	T	V	T	O	N	X	J	D	G	W	R	N	A	Q	V	M	V	G	P	Z
I	M	P	H	V	Q	O	A	Q	O	R	B	T	C	S	W	K	G	H	I	K
S	P	W	C	R	J	R	I	S	U	I	R	F	E	M	X	A	V	K	X	T
O	T	D	G	L	R	T	J	D	V	H	H	H	I	G	L	Z	B	U	Q	C
A	T	C	E	F	A	E	A	G	T	G	Q	U	T	D	O	E	E	X	O	J
M	B	R	B	L	G	R	I	M	L	A	P	V	E	B	J	T	K	U	P	C
I	W	X	N	A	A	P	O	O	T	F	G	H	E	Z	T	S	X	G	F	D
L	E	Y	K	A	N	E	Y	M	A	F	I	F	S	K	F	T	T	O	J	N
O	R	X	W	V	N	N	K	I	A	D	Q	K	E	X	A	C	X	H	G	R
N	J	W	M	F	U	O	A	S	O	T	A	H	N	B	D	M	R	S	F	K
P	D	A	A	L	E	N	D	C	W	I	I	Y	C	D	I	C	J	D	M	Q
B	O	V	Y	P	T	U	I	K	V	W	E	Z	I	U	F	S	S	L	W	A
P	S	N	M	X	N	N	Q	O	Z	C	G	V	A	N	I	L	I	N	A	J
F	I	J	I	X	A	P	Q	M	O	N	S	V	L	N	Y	F	Y	K	B	P
X	Y	I	G	M	Z	U	K	D	T	H	U	S	G	X	T	I	B	V	U	I
O	V	D	I	F	I	O	U	E	H	B	Y	M	Z	N	M	E	U	Y	M	T
P	X	C	U	V	R	X	P	Y	Y	R	G	C	V	K	S	V	Q	F	I	N
V	O	L	D	N	O	W	L	G	H	J	X	T	L	C	J	H	N	G	Z	D
Z	K	G	L	Y	B	X	P	I	H	G	A	W	V	G	T	N	C	M	W	M
R	V	Q	H	W	A	O	H	H	G	T	P	A	A	L	F	Z	S	T	N	A
B	E	G	C	F	S	T	V	G	B	O	C	B	R	T	O	E	C	Q	M	Q

Aromatizante	**Terpeno**	AldehídoCinámico
Vanilina	**Isoamilo**	Saborizante
AceiteEsencial		

Q. Explosiones

K	U	P	T	Y	E	E	U	E	X	A	G	O	C	I	J	S	D	U
T	K	A	G	Y	K	Z	L	Z	M	E	V	M	P	I	D	N	A	C
Q	M	J	R	J	Q	D	B	V	N	P	R	Y	Z	I	B	D	Q	P
V	P	O	M	Q	P	X	V	D	U	L	A	N	G	X	J	M	M	Q
E	Q	E	P	F	G	I	X	4	P	T	T	N	T	N	T	P	B	N
N	I	T	R	O	G	L	I	C	E	R	I	N	A	Q	N	A	G	H
A	P	E	B	H	L	R	U	I	D	C	D	E	C	R	G	Z	R	U
P	Q	E	W	B	L	V	H	Q	N	Q	R	O	L	J	M	F	A	A
Z	F	N	V	M	A	J	O	Z	P	O	O	T	J	N	O	U	F	S
B	J	Y	P	V	M	R	E	N	O	I	C	A	N	O	T	E	D	G
U	B	A	P	W	N	D	K	B	E	V	B	E	Q	Z	X	I	R	D
Q	H	N	P	Z	Q	L	P	Q	K	G	Q	X	E	F	N	G	N	P
P	M	R	B	K	L	K	A	R	R	J	R	O	M	A	F	T	D	H
J	H	R	I	W	Y	Z	U	W	X	E	K	O	M	D	E	A	E	P
Y	V	Q	U	C	A	P	Y	Z	G	C	Y	I	I	J	D	Y	C	C
M	B	B	J	E	C	U	U	W	G	D	T	B	J	W	X	S	W	F
P	P	A	H	H	U	X	E	E	Y	A	N	C	R	G	O	V	V	D
S	D	L	R	E	S	N	M	U	Z	P	Z	S	U	H	W	S	H	Q
O	P	B	I	K	R	X	J	V	C	R	B	S	N	T	C	C	K	U

Nitroglicerina   **TNT**   **Dinamita**
Cordita   **Ce4**   **PolvoNegro**
Detonación

Química del Vidrio

I	O	X	S	Y	L	P	P	B	Q	W	A	I	X	F	Z	I	R	G
R	I	D	T	B	A	J	I	Y	A	G	M	X	X	G	A	T	P	W
Y	T	R	A	N	S	I	C	I	O	N	A	M	N	S	U	C	W	C
Y	P	H	J	L	V	I	B	B	I	G	D	Q	O	W	W	W	D	G
A	L	N	C	N	P	N	G	O	M	N	X	C	I	D	X	M	X	R
Y	P	N	X	S	Q	M	T	C	R	O	V	T	C	U	I	F	X	E
S	Q	S	S	L	K	P	E	Y	A	O	Q	O	A	K	F	D	J	G
A	C	I	Y	O	Y	Z	M	T	Q	N	S	S	Z	X	U	E	D	Y
O	C	X	F	V	Q	Y	S	I	J	J	S	I	I	E	R	O	N	H
B	L	W	K	K	K	G	V	E	H	C	B	L	L	Z	T	C	G	D
T	O	M	J	P	L	B	I	Z	J	Z	L	I	A	I	P	X	K	K
L	T	B	K	W	E	P	H	K	J	B	R	C	T	C	C	R	A
P	D	Q	R	P	E	P	K	M	G	V	K	E	S	W	A	A	F	L
A	H	Y	W	J	F	Z	I	W	J	C	K	W	I	M	F	K	T	S
R	L	U	F	D	F	V	O	I	D	S	R	S	R	H	M	U	K	O
P	B	S	C	E	U	B	Y	A	Q	Q	B	Z	C	E	F	M	N	D
C	I	S	X	Y	Q	K	Z	G	M	D	X	E	Q	E	L	B	U	A
B	A	Y	F	V	V	L	B	Y	T	V	Z	Y	F	A	W	R	E	D
J	S	S	R	D	L	M	S	G	Q	O	T	W	U	F	R	I	T	A

Sílice   Frita   CalSodada
Transición   Borosilicato   Templado
Cristalización

Química del Caucho

O	X	A	U	A	K	X	I	K	N	V	I	T	F	K	Q	L	X	J	S	A	T
S	X	C	L	Y	C	N	U	K	Y	L	E	P	G	R	B	T	N	B	G	L	H
G	H	K	R	C	Q	L	H	H	F	R	N	K	O	N	E	R	I	T	S	E	I
R	Q	V	E	E	D	B	G	O	W	Y	R	Z	Y	O	Z	O	W	M	E	K	B
C	R	V	O	V	G	L	X	T	N	J	D	A	K	H	Q	O	M	P	T	I	S
W	Y	S	N	N	N	O	I	C	A	Z	I	N	A	C	L	U	V	H	W	W	R
L	F	S	E	E	E	I	B	B	U	C	N	U	H	D	Q	D	S	T	S	E	C
Q	U	Y	I	J	O	R	I	F	Q	E	N	W	F	J	C	F	V	O	N	M	R
W	U	B	D	D	P	Q	X	I	J	L	A	T	E	X	H	P	M	B	J	E	Q
D	U	A	A	P	R	V	C	W	E	A	V	C	X	O	B	C	T	C	K	C	Z
Q	O	N	T	U	E	E	W	T	D	S	N	B	N	W	J	X	F	Q	B	L	K
I	W	E	U	A	N	I	K	W	A	T	D	C	A	L	C	C	P	U	Q	C	G
A	D	A	B	E	O	K	C	U	T	O	B	W	Q	D	D	K	G	X	T	Z	Q
S	U	L	O	L	I	I	C	G	Z	M	J	U	Q	Y	V	M	D	Q	F	K	L
P	V	O	N	H	B	G	O	C	Y	E	Z	T	T	D	M	I	E	Q	H	Z	N
U	M	C	E	A	P	B	O	U	Y	R	N	D	W	A	J	B	V	F	G	E	T
Z	K	N	R	D	S	V	T	V	N	I	M	D	X	O	D	W	S	B	J	H	T
X	U	J	I	U	S	E	K	H	T	C	F	L	W	I	U	I	S	K	M	A	P
N	P	F	T	I	Y	V	X	C	N	O	G	A	I	E	J	H	E	J	I	D	B
A	K	A	S	X	M	D	H	C	E	A	K	W	N	Y	W	H	D	N	E	K	B
I	P	S	E	P	V	T	Z	B	O	E	Y	V	C	X	T	W	P	U	O	Y	V
S	N	A	T	I	V	O	X	F	T	H	B	Y	C	F	C	D	P	L	L	G	M

Elastomérico   Vulcanización   Neopreno

Butadieno   Estireno   EstirenoButadieno

Látex

Química del Colorante

E	W	T	S	N	M	K	Z	T	R	Q	B	C	X	K	E
T	H	B	R	Z	B	L	L	X	H	L	H	P	Q	N	E
J	F	F	M	N	C	I	K	G	M	A	F	D	Y	E	Q
A	U	F	V	O	E	I	T	A	G	U	A	M	A	G	U
D	L	D	F	I	J	Q	B	I	N	D	I	G	O	S	N
L	V	I	C	S	H	C	P	O	I	N	A	O	P	T	C
M	P	R	M	R	Z	V	J	O	D	T	V	D	Q	W	L
J	B	E	Z	E	Y	U	P	P	T	I	F	O	D	O	S
W	T	C	S	P	N	T	F	H	T	I	C	U	P	P	B
C	Y	T	K	S	Y	T	N	C	P	K	O	A	J	A	U
A	U	O	E	I	C	B	A	S	I	C	O	M	Q	N	F
F	H	Y	D	D	S	E	E	R	Z	H	S	A	E	K	O
S	Y	V	I	H	R	I	F	A	I	M	K	T	V	D	T
K	H	S	U	V	R	O	P	U	O	O	X	H	O	V	Z
P	Z	V	Y	P	U	L	J	W	J	Z	P	B	T	H	F
U	Z	X	I	K	X	H	S	P	O	J	L	B	X	Q	X

Acido	**Básico**	**Directo**
Dispersión	**Reactivo**	**Índigo**
Alimentario		

Química del Agua

R	I	T	Z	K	T	W	U	U	Q	K	D	L	W	C	M	G	J	T
U	M	T	V	L	E	S	R	C	W	D	F	K	F	K	P	M	X	J
L	Q	R	F	W	N	O	I	C	A	Z	I	N	O	Z	O	C	L	C
W	M	M	T	J	K	X	G	W	R	H	R	G	P	I	S	A	E	X
M	A	R	S	J	I	H	J	J	T	A	F	X	F	B	V	W	X	B
C	W	B	W	X	V	A	M	L	N	I	X	Y	O	M	A	V	E	A
Y	I	J	M	R	D	Z	F	J	I	I	K	E	M	U	O	V	L	H
S	A	G	B	N	F	E	W	X	T	H	X	D	J	D	E	Z	B	L
M	P	W	K	O	Z	R	S	F	U	K	V	U	P	N	R	U	A	Q
D	D	W	S	I	F	U	K	I	N	C	H	K	O	R	N	V	T	F
O	U	O	P	C	Y	D	V	Q	N	T	I	I	A	Y	A	O	V
U	B	L	C	A	Z	E	C	V	N	F	C	T	U	D	F	E	P	G
V	D	H	A	L	H	Y	D	Q	B	A	E	G	M	B	O	Z	A	F
E	L	A	U	I	L	O	L	T	L	K	B	C	C	U	I	S	U	B
C	Z	W	J	T	A	B	J	U	N	H	U	X	C	J	O	C	G	D
D	C	C	E	S	H	V	G	I	X	I	S	Z	N	I	F	J	A	O
E	X	C	D	E	S	A	L	I	N	I	Z	A	C	I	O	N	R	G
J	C	Q	F	D	O	M	C	J	J	U	W	D	P	U	Z	N	B	L
C	X	L	B	C	N	M	F	Z	R	C	C	A	Q	S	U	P	U	Z

AguaPotable   **Desalinización**   **Destilación**
Coagulación   **Ozonización**   **Desinfección**
Dureza

Química del Suelo

W	R	F	X	Y	E	Q	J	C	Z	G	L	K	B	K	M	F
D	B	N	Y	F	W	J	I	G	A	R	D	C	R	W	M	T
W	I	M	J	I	Q	N	S	B	C	J	W	Q	V	C	W	M
X	M	B	P	M	A	M	O	G	K	G	L	X	Z	Y	T	S
I	R	H	E	T	N	A	Z	I	L	I	T	R	E	F	I	R
S	A	A	R	Q	S	L	L	K	S	U	P	Z	D	S	O	H
S	A	R	C	I	L	L	A	N	T	O	S	N	V	W	H	I
H	I	I	O	L	J	H	Z	L	N	E	R	B	G	N	U	O
U	R	H	L	J	O	Q	V	U	H	H	F	E	I	J	D	J
R	N	A	A	T	R	W	T	G	V	P	R	K	W	N	T	V
D	R	X	C	G	Y	R	N	Z	A	M	D	N	H	S	V	Q
K	T	C	I	Y	I	T	Q	Y	B	K	Q	B	C	W	A	D
Q	N	G	O	E	N	D	U	F	T	V	L	I	Y	O	I	R
E	N	Z	N	V	Q	H	K	Q	A	O	I	T	S	Y	K	X
L	S	T	I	Y	G	V	J	O	L	C	L	F	L	H	N	W
D	E	B	J	L	S	Q	F	Q	S	N	E	B	J	C	Z	F
S	U	M	U	H	Z	C	O	J	F	D	R	G	G	A	E	I

pH

Humus

Fertilizante

Nutrientes

Erosión

Arcilla

Percolación

Química. Pesticidas

J	X	S	E	U	T	N	X	M	I	K	K	M	X	B	J	M
W	N	A	D	I	C	I	B	R	E	H	U	J	K	B	L	Z
W	L	B	F	J	O	T	I	A	C	N	H	J	M	H	T	M
O	N	I	P	Z	B	S	C	K	L	P	Z	F	F	M	K	V
V	E	O	T	T	H	J	B	A	S	P	V	N	O	H	A	S
Q	X	P	Y	R	F	A	V	C	R	L	Z	H	P	A	S	V
N	T	E	Z	A	Z	U	D	Z	N	A	E	U	D	Z	B	V
P	C	S	L	M	B	M	N	I	R	G	V	I	A	W	G	Z
V	L	T	C	J	Q	V	B	G	C	U	C	E	Y	R	L	A
M	S	I	U	A	U	I	N	Z	I	I	P	J	H	R	Q	C
W	I	C	Y	B	G	H	B	H	T	C	T	U	P	E	Z	R
J	M	I	S	A	Z	W	K	C	Y	I	I	N	D	S	E	Q
C	T	D	R	Z	L	U	E	Y	W	D	Q	D	E	I	X	W
C	B	A	Z	Z	B	S	N	Q	H	A	R	H	A	D	R	O
P	W	R	L	K	N	G	I	H	Q	N	W	Z	O	U	O	C
H	D	P	A	I	S	E	S	G	A	H	D	M	K	O	E	R
Z	T	D	D	R	I	Z	C	C	R	O	P	C	L	S	F	V

Insecticida   Herbicida   Fungicida
Plaguicida   Rodenticida   Biopesticida
Residuos

Química del Cobre

E	F	K	A	L	H	P	E	J	S	O	S	H	K	Q	D
T	Q	G	V	Z	U	S	Z	T	H	M	C	W	O	V	G
Y	Z	U	G	P	U	G	Q	J	H	U	L	W	W	L	E
G	Q	R	C	V	A	R	E	T	P	S	A	U	N	A	A
X	V	D	O	B	F	T	I	R	Q	C	H	U	R	Q	X
R	V	R	V	V	V	U	I	T	Q	A	V	K	T	G	I
F	D	Y	E	K	I	T	S	N	A	L	B	U	N	I	R
V	P	Y	L	L	A	T	Z	M	R	C	H	F	G	Z	J
L	K	T	I	A	F	U	A	M	J	O	D	K	O	D	U
M	W	J	N	T	N	L	Q	N	H	P	B	O	R	J	U
X	L	G	A	E	A	Z	P	W	E	I	N	S	S	P	N
B	B	M	D	Q	I	J	X	H	N	R	P	X	X	O	Y
X	T	R	U	T	T	D	K	V	M	I	B	Z	B	K	L
Q	V	I	Y	E	E	G	F	N	T	W	O	E	A	C
J	T	E	U	Q	B	Z	P	D	J	A	U	W	C	R	K
A	D	V	M	J	K	L	R	Q	Q	E	E	U	D	D	P

CobreNativo   Calcopirita   Malaquita
Covelina   Azurita   Bornita
Cuprita

Química del Hierro

L	I	M	D	R	T	S	J	Z	P	F	Q	J	B
Q	L	S	A	Z	X	S	Y	D	S	Q	X	J	A
U	M	B	X	G	I	I	Q	A	C	F	A	P	L
Z	E	D	N	V	N	D	C	T	L	G	E	Y	Y
A	N	K	J	Q	C	E	P	I	O	A	T	H	D
T	I	C	T	Y	T	R	T	R	R	C	R	Y	H
I	T	S	R	D	Q	I	A	I	A	Y	B	E	N
N	A	Z	V	R	M	T	G	P	T	T	M	P	C
O	V	X	R	P	D	A	P	K	M	A	R	B	D
M	H	F	K	C	A	T	I	H	T	E	O	G	L
I	F	F	E	Z	U	V	S	I	F	T	L	L	B
L	N	B	P	U	G	U	T	H	P	N	U	K	F
V	V	W	O	Z	B	A	E	Y	F	M	U	J	U
U	C	S	S	B	S	H	U	J	Y	Z	Q	M	P

Hematita   **Magnetita**   **Siderita**
Goethita   **Limonita**   **Pirita**
Ilmenita

Química del Aluminio

P	U	S	Y	E	A	N	I	M	U	L	A	G	E	F
T	Y	B	T	Q	K	U	R	C	H	K	C	F	Y	E
C	G	E	E	U	R	O	W	R	C	E	I	P	C	L
I	U	N	S	E	Z	H	R	K	H	Q	Y	Z	S	D
L	S	F	J	M	V	C	P	U	G	Z	G	I	W	E
C	I	W	U	A	E	O	Y	H	N	R	O	N	Z	S
V	F	S	Z	T	K	R	S	Z	U	Z	T	Q	Y	P
C	H	I	M	I	P	I	A	L	E	U	C	I	T	A
L	W	I	T	L	V	N	Y	L	V	K	A	K	T	T
B	Q	J	K	O	W	D	B	K	D	R	W	I	S	O
H	T	M	A	I	Z	O	B	W	V	A	X	A	X	M
B	Z	P	O	R	H	N	E	N	S	U	Z	X	P	R
N	Y	J	V	C	P	U	P	P	A	C	A	N	S	P
K	R	C	M	G	B	X	R	B	Z	U	Z	Q	K	U
W	T	L	H	T	L	B	O	J	Y	Q	M	D	O	Y

Bauxita   **Corindón**   **Alúmina**
Criolita   **Feldespato**   **Leucita**
Esmeralda

Química del Oro

U	G	I	V	F	P	F	G	D	X	W	P	U	A	S	G	D	X	M
K	E	U	E	O	P	K	O	B	P	D	V	W	W	D	H	O	B	P
Y	F	A	S	G	Y	Q	X	X	M	G	T	E	F	X	Q	D	O	A
N	I	O	W	D	O	R	O	C	O	L	O	I	D	A	L	K	F	D
M	A	M	R	X	L	J	F	Y	Y	G	R	Q	L	N	A	G	M	A
A	D	Z	D	O	V	J	G	W	A	Z	E	V	O	C	S	O	U	R
M	D	Z	R	V	N	H	H	F	L	B	F	M	Y	N	M	T	H	O
O	A	V	N	O	S	A	S	V	W	X	I	D	T	U	T	N	G	D
S	U	T	X	E	W	T	T	S	F	L	R	E	Z	Z	D	R	G	N
V	Y	B	J	C	B	J	U	I	E	R	U	A	V	C	A	H	U	O
A	L	C	Q	H	Z	F	B	Q	V	T	A	L	D	Y	F	Y	E	I
L	G	F	J	D	X	J	X	T	C	O	O	U	K	R	M	N	L	C
T	A	T	I	P	E	P	A	W	L	E	Z	V	G	Z	G	H	P	A
M	P	Y	P	I	R	I	T	A	A	U	R	I	F	E	R	A	T	E
Z	I	I	V	C	E	I	S	P	R	D	A	O	E	Z	S	S	N	L
A	B	T	Y	H	I	E	O	P	P	N	U	N	Z	C	A	E	J	A
V	B	D	O	M	L	Q	T	S	P	K	C	G	G	Y	V	I	L	J
L	N	D	L	A	O	D	F	Q	Q	C	K	A	O	E	P	M	T	W
W	A	C	D	V	Q	A	K	G	G	M	F	I	Q	F	O	A	P	U

Pepita   DeAluvión   PiritaAurífera
CuarzoAurífero   OroNativo   OroColoidal
AleaciónDorada

Química del Plomo

Q	R	F	F	J	S	P	F	T	N	D	G	M	A	B	N	M	D	S
W	V	V	U	A	Q	P	O	I	H	J	Q	A	E	J	R	D	V	D
I	T	F	I	M	V	M	S	T	W	I	L	N	L	F	J	E	N	C
X	T	Z	W	X	C	C	G	J	E	T	O	F	W	E	W	D	U	V
R	F	W	S	X	K	C	E	R	U	S	I	T	A	X	N	B	G	K
Z	C	L	W	H	V	U	N	M	P	B	K	E	N	A	X	A	E	S
I	I	P	B	V	O	G	I	A	Q	T	V	T	D	Z	V	D	L	D
G	W	A	J	S	S	O	T	J	X	S	V	P	Q	P	D	Q	W	K
W	A	R	S	E	N	I	A	T	O	P	L	O	M	O	Y	B	B	Q
P	W	R	L	G	S	R	M	K	E	U	F	A	G	B	M	G	H	D
R	F	C	A	E	J	I	K	Y	T	W	E	E	Z	I	C	Y	R	D
Q	Y	E	L	N	C	G	A	M	V	V	N	N	H	F	K	Z	K	X
F	I	G	O	Q	I	R	X	W	J	J	W	R	U	L	I	V	Y	P
A	N	R	X	I	Q	A	T	M	L	Y	T	B	Z	X	P	H	Y	J
A	N	F	E	W	N	T	Z	J	V	N	J	P	U	Y	X	A	K	U
V	V	D	R	G	V	I	R	K	K	P	W	W	W	B	P	D	Q	I
H	B	L	O	C	M	L	M	R	Q	C	I	B	E	A	V	J	V	F
N	G	U	Q	G	N	Y	O	T	H	Z	D	Y	A	E	I	A	L	V
H	W	Q	I	E	X	G	E	Q	D	R	E	E	O	E	C	H	P	U

Galena   Anglesita   Cerusita
Minio   Fosgenita   ArseniatoPlomo
Litargirio

Química del Zinc

L	A	A	K	R	T	Z	K	M	E	G	A	R	J	S	C	R
K	A	G	T	X	X	I	R	L	X	Z	B	K	Q	K	Z	P
B	N	H	W	I	T	W	A	U	N	V	H	I	T	D	A	S
X	T	E	Y	I	E	P	Q	Y	A	T	A	N	H	A	Z	S
E	M	K	H	A	S	K	W	W	N	T	H	B	H	Y	P	O
U	B	W	K	Y	U	P	C	F	I	W	V	R	R	V	N	B
W	E	O	G	C	E	B	S	N	M	K	J	G	E	Z	G	G
V	X	F	N	A	L	Q	O	E	A	B	W	Y	S	H	K	A
S	W	R	P	E	Q	S	E	A	L	R	L	Q	F	X	V	A
H	P	R	N	C	H	F	W	G	A	L	F	K	A	L	Y	L
N	Q	D	D	T	T	E	J	F	C	Y	T	R	L	Q	O	F
J	A	T	I	Z	T	R	U	W	T	O	V	G	E	W	P	M
H	E	M	I	E	S	F	E	R	I	T	A	W	R	T	R	B
X	S	Z	B	M	U	L	Q	Y	T	P	U	L	I	D	S	R
L	A	E	I	X	Q	C	V	V	C	Z	X	S	T	J	O	Y
Y	B	K	Z	P	D	J	Z	X	Z	D	A	C	A	J	L	H
F	K	Z	Q	L	E	K	H	K	N	H	J	K	P	D	M	S

Blenda   **Smithsonita**   **Hemiesferita**
Esfalerita   **Calamina**   **Wurtzita**
Franckeíta

Química del Mercurio

E	S	L	N	S	V	W	T	L	P	E	V	F	G	L	O	H	A	R	W	L
D	V	N	H	N	L	Z	T	A	G	S	K	R	I	S	H	W	V	P	H	T
R	U	D	A	V	C	Z	I	V	E	N	Z	P	L	B	P	F	I	G	W	M
L	P	R	D	Q	R	K	T	L	Q	P	C	O	I	H	X	H	V	Q	V	T
I	V	F	X	A	J	W	Y	D	T	M	H	I	P	T	L	O	I	Z	S	M
K	P	W	H	Q	W	M	V	R	Q	Y	I	J	P	I	R	J	A	O	B	Y
B	R	M	I	A	M	O	A	R	U	L	B	U	D	O	U	E	N	N	U	S
U	E	C	X	O	Q	S	Z	X	S	I	D	Z	R	N	N	A	I	D	K	Q
L	R	G	Z	B	A	M	A	L	G	A	M	A	U	N	L	D	T	M	V	H
O	C	I	L	A	T	E	M	O	I	R	U	C	R	E	M	D	A	A	F	V
C	B	T	D	E	Y	Q	C	K	Y	A	L	L	M	D	X	P	D	N	K	O
P	W	V	E	T	S	D	Q	I	A	I	P	O	X	A	N	U	Z	L	W	G
B	F	X	H	L	X	T	R	R	N	K	L	N	S	M	W	O	X	L	X	H
A	Z	I	I	A	H	E	O	B	B	A	Z	G	U	L	V	K	I	S	U	A
Q	V	B	L	K	C	M	L	N	C	Z	B	I	A	A	S	H	U	V	L	G
W	G	V	J	H	X	G	B	R	I	L	K	R	J	L	J	O	R	E	P	B
M	A	O	N	R	H	C	T	G	K	T	S	Y	I	W	L	H	O	B	P	J
T	Q	I	U	G	B	L	C	C	V	E	A	U	F	O	I	S	U	I	Q	T
Z	F	R	C	Z	R	V	I	Y	L	H	H	V	H	Q	Y	K	W	Z	I
E	A	J	V	C	Q	N	U	Y	D	Y	X	Q	W	L	M	X	C	H	E
J	F	I	E	U	Z	Z	V	G	G	U	Y	D	C	H	S	M	M	X	T	Q

Cinabrio   Calomelanos   Vivianita

Eglestonita   Amalgama   MercurioMetálico

Almadén

Química del Platino

T	A	O	H	F	W	A	S	O	Y	K	M	Z	U
V	Y	C	S	Z	O	W	X	D	J	S	I	F	N
J	X	W	J	M	N	M	M	O	H	V	K	U	T
T	W	A	O	X	I	F	Q	I	A	K	U	J	P
W	Y	R	N	D	T	O	W	F	K	Q	B	K	S
W	L	D	I	I	A	O	B	A	R	D	Z	A	O
O	A	J	R	O	L	B	F	S	S	B	R	M	O
J	J	S	I	F	P	E	L	G	T	H	R	H	E
P	S	N	D	L	O	A	U	V	F	U	D	K	F
D	V	W	I	F	I	J	L	Q	C	O	J	U	N
M	J	K	O	G	D	O	R	A	I	D	H	F	W
B	E	D	D	D	O	R	F	Y	D	N	M	Z	A
N	D	K	X	N	R	U	T	E	N	I	O	A	W
H	K	G	E	T	F	A	C	V	U	E	O	F	D

Platino   **Paladio**   **Rodio**
Rutenio   **Iridio**   **Osmio**
Niquelina

Química del Uranio

F	Y	Z	J	W	C	W	R	I	L	J	C	U	U	I	H	J	U	X	X
Y	W	U	N	E	A	T	I	N	I	N	A	R	U	Q	I	C	M	A	X
G	S	K	Y	R	V	P	W	I	V	E	R	K	C	A	G	U	W	E	J
F	Z	O	U	E	L	V	R	K	H	L	N	O	Y	Y	X	D	S	G	A
A	A	T	T	D	F	Q	G	T	T	Q	N	B	J	O	H	Y	M	B	P
N	T	A	K	A	K	F	B	I	D	A	V	Q	T	P	A	Q	X	R	O
S	I	Y	X	S	D	D	Z	D	F	S	F	Y	G	Y	B	X	Q	C	S
N	N	Z	M	W	Z	A	D	O	G	B	Q	Y	T	C	M	E	T	K	N
I	R	A	W	L	C	G	N	O	O	M	P	C	Q	B	K	O	W	M	U
B	E	V	Z	A	P	A	H	A	Z	G	Z	R	G	K	A	R	Y	S	J
W	B	F	V	U	R	Q	F	F	V	U	Q	B	K	U	R	D	S	J	M
F	R	T	S	U	O	I	Z	S	O	L	N	V	M	Z	V	E	B	I	V
P	O	M	Y	P	W	P	T	B	N	S	I	D	P	J	Q	P	P	S	D
A	T	I	C	R	I	C	O	N	A	R	U	N	M	P	Y	Z	X	O	M
H	S	M	B	N	O	J	N	E	I	F	B	J	A	K	Y	M	S	G	B
H	P	T	H	R	R	P	N	U	S	B	O	D	G	R	K	K	V	X	L
A	P	K	S	C	A	T	I	T	O	N	R	A	C	Z	U	A	H	A	C
A	L	K	Y	U	M	A	T	I	N	U	T	U	A	C	L	U	T	A	P
M	S	Q	Z	X	X	K	K	C	Z	V	I	G	C	H	U	N	B	W	D
Z	D	F	L	G	R	O	O	C	B	S	Q	Z	N	A	A	Z	P	U	Q

Uraninita   **Torbernita**   **Carnotita**
Autunita   **Uranocircita**   **Uranofano**
Uranilvanadatos

Química del Talio

U	T	D	Q	K	W	R	T	Y	K	P	K	R	J	R	W	C
A	Z	E	N	K	M	T	U	H	A	W	K	J	X	A	J	G
E	Y	P	T	N	Z	F	Y	Y	G	M	B	F	Q	L	G	K
R	O	F	D	R	B	K	A	Y	D	N	U	T	W	O	Z	R
M	O	O	X	C	A	P	A	V	O	M	B	I	K	R	H	U
M	P	B	C	E	T	H	D	D	N	H	H	W	V	A	L	B
U	A	Q	R	I	S	O	E	K	O	Q	D	R	T	N	K	Z
M	N	L	O	Z	D	W	O	D	S	O	K	I	V	D	J	G
E	A	M	C	D	U	N	K	F	R	J	B	O	I	I	I	U
M	C	X	O	X	K	N	A	C	M	I	E	K	Q	T	H	V
W	A	T	I	M	I	D	A	R	T	E	T	U	Z	A	X	K
N	P	L	T	C	T	T	E	S	O	E	Q	A	N	S	B	P
D	K	I	A	Q	X	S	O	E	W	L	V	O	R	P	J	W
H	Z	E	I	I	C	R	J	C	K	C	W	P	F	X	V	A
I	L	U	H	H	U	B	N	E	R	I	T	A	N	Y	S	Q
K	B	G	J	A	X	R	Y	W	J	Z	H	G	U	P	C	X
T	O	O	I	A	E	P	T	A	D	W	A	O	X	T	T	E

Lorandita   Crocoíta   Lorándico
Aurostibita   Hübnerita   Tetrahedrita
Tetradimita

Química del Sodio

U	E	W	P	C	O	A	F	N	N	R	F	T	D	S	R	Q	C	S	K
N	U	M	G	A	H	I	U	J	O	L	A	F	Q	U	Y	I	A	H	E
D	P	F	I	Q	H	F	D	H	M	T	T	N	O	H	E	F	R	F	G
O	D	O	X	Q	M	R	G	O	E	F	I	A	R	G	O	E	B	Z	Y
K	O	A	A	Z	D	K	H	M	S	T	L	A	Y	B	A	I	O	Q	B
N	V	N	V	F	Y	I	B	T	R	O	A	S	H	B	Z	T	N	D	V
K	V	I	A	C	I	G	L	A	C	A	D	M	N	O	R	T	A	N	I
C	J	L	L	Q	I	D	T	P	K	Z	O	I	U	S	R	M	T	C	U
N	H	D	F	P	D	O	R	U	Y	Z	S	E	X	H	W	K	O	N	G
B	B	C	S	H	S	O	O	V	X	V	X	Q	E	O	P	C	S	F	Z
X	O	Z	I	O	E	J	N	B	J	Y	E	J	A	S	R	I	O	K	U
X	C	T	D	P	T	W	A	C	R	W	L	T	E	E	P	D	D	X	T
Q	P	I	J	W	Y	H	J	X	L	C	I	Q	P	G	S	N	I	D	A
J	O	I	Z	P	B	J	I	Q	E	L	S	Y	E	S	T	X	C	H	H
T	P	B	P	H	A	Q	C	J	A	T	V	V	T	Z	W	T	O	P	K
K	E	H	Z	R	J	C	T	H	H	F	E	M	O	H	U	A	I	H	C
K	A	Q	D	S	Z	X	Y	X	O	X	I	I	C	L	D	S	G	P	N
S	V	X	S	P	W	L	Z	N	L	C	N	I	U	I	J	S	I	W	G
O	W	G	A	G	G	I	R	P	M	H	S	C	Y	T	E	C	A	I	O
M	S	S	A	F	N	F	U	R	V	I	D	T	W	G	I	I	H	G	E

Halita   **Natrón**   **Trona**
SílexSodalita   **CarbonatoSódico**   **HidróxidoSodio**
NitratoSodio

Química del Potasio

J	J	Z	C	A	R	B	O	N	A	T	O	S	E	D
X	X	K	U	C	F	H	H	G	G	K	H	X	A	G
X	R	G	M	L	L	I	Q	N	C	X	A	Q	K	N
N	B	H	I	D	R	O	X	I	D	O	I	T	U	G
J	M	R	F	B	J	T	R	K	P	O	B	Z	O	P
C	O	S	O	O	N	A	T	U	D	I	J	R	H	P
B	W	T	W	T	F	P	T	Q	R	K	K	J	D	P
O	A	W	A	A	G	S	R	C	E	O	Z	N	C	B
K	G	F	D	R	O	E	R	H	P	K	X	G	I	J
Y	I	F	L	T	O	D	J	G	O	V	N	O	S	Q
G	E	A	V	I	A	L	P	J	Z	E	Q	B	E	I
R	G	G	D	N	Y	E	C	M	D	W	B	V	Z	K
B	Y	X	T	Z	T	F	N	R	A	E	Q	U	X	Z
N	N	W	A	V	H	S	I	L	E	X	E	L	E	J
N	B	J	C	Q	V	L	O	N	F	P	A	R	L	J

Sílex   **Feldespato**   **Cloruro**
Nitrato   **Perclorato**   **Carbonato**
Hidróxido

Química del Litio

Z	Q	P	N	U	L	A	U	E	O	G	B	H	M	M	U	D	I	U
C	K	C	L	O	R	U	R	O	L	I	T	I	O	U	L	M	E	D
P	S	X	D	R	R	C	S	K	A	U	S	D	L	W	X	Y	S	T
B	Q	A	E	Z	I	O	U	S	M	C	P	R	J	Z	W	D	R	Z
J	A	G	T	K	B	P	Y	I	W	X	X	O	T	W	D	T	Y	S
D	N	P	L	I	E	V	U	L	O	O	A	X	F	S	B	J	O	J
G	X	E	M	T	L	W	E	J	J	V	G	I	R	H	X	E	O	A
A	I	Z	C	I	Q	O	R	B	P	Z	I	D	A	B	N	T	Z	M
U	O	W	X	H	O	O	D	L	T	Q	G	O	U	E	J	A	X	B
H	N	X	A	U	U	K	M	I	I	D	P	L	E	H	M	P	A	L
J	Z	R	Q	J	C	P	F	C	P	E	Z	I	I	Q	C	V	C	Y
T	J	W	I	N	P	Z	V	G	T	E	L	T	F	Z	V	Z	G	G
A	O	C	A	R	B	O	N	A	T	O	L	I	T	I	O	N	H	O
W	R	J	J	O	H	K	L	G	X	D	K	O	W	H	K	Y	V	N
U	X	D	D	W	H	I	W	G	M	F	H	H	X	P	P	F	Y	I
E	A	H	B	M	T	Q	U	L	G	W	R	K	I	B	D	S	Y	T
P	N	J	U	A	M	Q	K	D	O	G	U	F	U	R	W	H	T	A
Z	E	S	P	O	D	U	M	E	N	O	E	K	W	W	O	L	B	G
G	I	E	S	B	U	J	S	I	B	Z	S	I	G	V	X	K	L	H

Espodumeno   **Lepidolita**   **Petalita**

Amblygonita   **CloruroLitio**   **CarbonatoLitio**

HidróxidoLitio

Q. de los Halógenos

O	Q	R	K	Q	B	R	D	W	C	I	A	S	A
U	A	A	O	S	X	O	O	D	O	Y	W	S	Z
J	O	L	S	H	P	F	E	U	J	I	T	N	V
S	Z	U	N	T	M	P	N	F	L	J	B	W	C
P	Y	C	U	V	A	G	C	O	N	F	I	O	Z
B	I	E	O	L	S	T	L	O	M	J	Y	B	F
P	R	L	C	F	Q	L	O	D	O	R	U	A	W
Z	T	O	G	F	D	L	R	A	U	E	H	I	N
U	U	M	M	P	N	V	O	Y	H	I	V	G	M
F	P	Q	T	O	N	T	J	N	S	U	K	Z	E
D	A	W	F	O	A	Z	B	Q	L	B	Z	J	O
G	Z	P	B	Q	O	T	G	X	K	O	O	Z	M
P	F	L	H	X	I	W	U	R	O	G	G	X	O
E	E	T	T	O	N	R	M	Q	H	L	Q	C	B

Flúor   **Cloro**   **Bromo**
Yodo   **Astato**   **Molecular**
Noble

Química del Silicio

M	L	W	E	U	S	Y	C	T	R	E	S	I	L	I	C	I	O	P
F	V	K	O	P	W	G	Z	X	Z	Z	Z	U	L	C	U	C	U	T
H	X	U	P	I	L	L	W	O	H	L	S	T	Y	F	I	G	H	R
K	R	B	N	G	C	Y	E	G	M	F	K	L	E	J	O	R	U	W
E	E	O	M	S	C	I	A	N	O	C	I	L	I	S	M	A	J	D
T	T	X	S	O	N	M	L	D	P	H	D	C	E	A	Q	Y	F	V
M	G	O	U	T	U	A	K	I	B	E	U	M	B	D	V	N	A	X
K	S	L	U	Q	Q	S	T	M	S	N	Q	X	I	X	R	U	C	Z
S	I	A	F	J	W	R	V	P	N	O	T	U	V	K	G	C	S	V
W	I	C	A	Q	Q	E	A	C	X	H	D	L	E	F	D	A	Q	G
T	F	L	T	H	S	T	D	Z	O	P	O	I	C	D	C	A	E	B
R	U	K	I	J	O	I	B	H	S	A	M	G	X	I	K	U	U	H
X	V	R	I	C	U	N	Q	X	X	S	E	Y	M	O	C	S	W	O
U	D	O	D	K	E	M	J	N	V	Z	H	A	V	M	I	T	L	T
N	Q	Q	V	B	K	J	O	H	B	S	R	L	E	P	A	D	F	W
L	I	Q	J	J	K	Z	V	J	O	E	S	R	A	E	M	H	X	T
T	G	Z	B	F	Z	R	N	I	C	Y	F	A	C	X	V	K	B	I
B	W	A	F	D	H	E	I	G	J	T	H	N	V	H	A	Q	Z
Z	S	O	T	A	C	I	L	I	S	S	O	W	D	S	Q	P	O	N

Silicio   DióxidoSilicio   Silicatos
Silicona   Sílice   Feldespato
Cerámica

Q.Elementos Nobles

H	U	B	O	S	S	S	A	E	A	O	I	X	L	I
X	A	R	P	S	P	Z	F	U	Y	S	U	C	R	
E	Q	R	E	W	Y	W	D	W	A	A	S	D	V	
N	O	Y	N	X	N	R	A	P	S	E	W	Z	C	
O	X	M	C	O	O	W	H	K	U	O	C	R	D	
N	G	X	D	L	Q	T	A	R	D	S	A	V	W	
T	J	A	T	R	E	V	K	K	I	E	E	A	P	
G	R	B	N	U	B	T	R	X	H	S	I	S	A	
B	H	O	A	E	Z	H	I	W	E	C	E	B	B	
P	P	X	F	Z	S	I	P	N	L	R	E	S	A	
Z	D	K	C	V	U	S	T	E	I	M	D	B	T	
L	X	J	D	Z	W	G	O	O	O	D	D	O	Y	
C	A	Z	A	R	G	O	N	N	A	O	J	I	J	
G	C	J	I	O	W	B	W	D	P	H	F	C	J	

Helio   **Neón**   **Argón**
Kriptón   **Xenón**   **Radón**
Oganessón

Química del Carbono

M	F	Z	K	U	K	N	P	G	R	A	F	I	T	O	H	K	M	Y
S	Z	A	J	X	I	O	I	T	S	B	M	B	E	R	Y	E	I	D
B	L	Q	F	Q	A	M	I	Q	G	W	W	P	U	T	T	N	E	V
M	B	B	C	Q	L	C	Q	X	D	K	Z	Y	M	O	U	C	D	K
H	X	D	A	V	D	Y	F	H	T	Y	E	K	D	E	R	B	O	E
D	X	J	R	K	L	U	E	E	Y	O	M	W	O	L	X	S	T
C	X	K	B	F	K	S	Q	N	B	B	R	H	T	O	U	H	O	G
S	G	V	O	Y	B	Y	M	E	C	C	R	A	E	U	M	W	B	C
A	X	F	N	E	S	L	J	O	C	Y	C	Z	P	U	P	G	U	M
I	R	U	A	L	G	O	B	O	X	O	B	A	P	P	C	G	T	U
R	C	Y	M	S	G	Y	P	S	N	K	B	K	G	B	Q	H	O	E
P	A	G	O	U	E	T	L	O	Q	E	K	R	M	C	D	L	N	X
O	Q	V	R	K	T	N	B	H	R	T	F	N	H	Z	N	E	A	B
S	V	K	F	Q	N	R	J	C	R	T	A	A	W	H	P	P	N	M
C	D	Y	O	Z	A	H	W	L	T	C	O	G	R	Z	J	H	K	P
B	W	U	Z	C	M	K	V	C	J	M	T	L	E	G	V	R	S	V
N	U	V	I	E	A	Y	J	F	L	I	Q	K	A	O	P	X	K	O
O	F	F	Z	J	I	U	X	D	M	E	S	I	Y	M	H	X	K	N
E	M	U	H	C	D	Q	X	A	Y	Y	M	X	N	E	G	M	J	S

Alótropos	Grafito	Diamante
CarbónAmorfo	Carbonocatorce	Nanotubos
Grafeno		

Química. Hidrógeno

I	A	O	K	V	G	N	I	F	F	L	R	N	H	L
R	S	F	E	V	W	O	Z	W	X	O	P	U	F	O
A	C	Y	A	W	T	I	K	G	S	U	O	I	R	K
L	Q	J	I	F	R	T	M	R	O	A	I	Q	I	S
U	S	M	X	B	W	S	R	D	D	D	R	M	X	C
C	B	A	T	G	D	U	Q	P	I	U	E	J	W	H
E	U	K	M	L	G	B	Q	C	C	T	T	S	E	U
L	Z	Y	V	R	S	M	Q	F	A	T	U	L	U	J
O	G	G	L	W	C	O	M	L	R	N	E	S	W	F
M	B	Z	B	U	R	C	I	I	D	E	D	Q	T	Z
P	A	M	K	Q	A	C	T	G	I	E	L	J	M	Q
R	A	O	A	R	O	I	X	H	H	T	Z	X	D	Y
E	L	P	I	W	O	B	F	A	V	J	T	L	Y	G
V	J	Y	R	A	D	A	S	E	P	A	U	G	A	E
Z	B	C	C	J	L	S	Y	B	V	T	P	X	X	I

Molecular   Metálico   Deuterio
Tritio   AguaPesada   Combustión
Hidrácidos

Química del Azufre

H	G	F	K	I	J	Y	I	X	V	O	H	U	U	W	T	W	G	O	C	I	M
L	L	U	B	V	Q	V	B	A	M	S	V	E	Y	B	U	B	Z	U	D	M	O
B	I	S	Y	A	N	J	H	D	J	X	N	I	A	A	Q	N	H	Y	B	W	L
Q	W	K	O	A	X	T	F	W	I	E	Y	W	X	U	D	X	F	Q	R	Q	T
M	P	H	H	T	N	Y	M	Y	B	A	L	V	D	M	C	B	G	J	O	E	B
N	Q	Y	D	B	A	E	C	L	O	H	X	E	A	Y	C	I	H	O	Z	G	Z
N	C	S	O	T	A	F	L	U	S	O	U	R	M	L	Z	V	C	X	T	A	K
K	Q	U	I	K	Y	D	L	G	S	E	V	Y	W	E	Q	I	S	G	M	C	D
S	U	R	P	S	U	L	F	U	R	O	S	A	E	Y	N	U	B	E	O	D	C
A	I	E	T	O	E	C	V	Z	S	S	C	F	G	A	F	T	Q	Y	L	W	M
P	N	G	X	T	Z	O	S	L	G	O	Y	L	G	U	C	H	A	X	E	C	S
Z	L	U	K	I	H	Z	O	X	Q	Q	I	R	D	L	E	G	W	L	P	W	L
C	T	A	E	F	G	H	X	C	G	O	O	T	L	U	H	N	X	T	P	M	R
S	Y	P	T	L	U	O	F	C	M	O	M	W	J	H	N	R	D	S	P	N	W
D	P	W	R	U	F	W	H	F	T	A	I	J	B	T	C	U	O	D	I	T	L
E	C	Z	O	S	I	A	K	S	U	R	K	W	W	T	Z	N	B	W	G	W	A
A	S	E	A	Z	C	V	E	D	Y	N	C	X	V	G	C	Q	L	Y	A	H	N
J	B	Q	V	P	Q	U	I	D	G	Z	I	J	N	V	T	W	W	C	H	F	O
O	G	B	I	P	P	J	K	L	W	L	V	H	H	M	X	Z	Q	D	F	V	Z
J	R	K	P	M	O	S	O	K	L	V	U	O	E	H	L	L	B	X	W	X	U
N	C	S	O	O	B	A	N	D	C	V	B	P	G	M	M	E	Q	I	S	F	H
C	U	C	O	W	O	X	K	F	M	J	Y	T	W	E	C	G	S	G	A	Z	O

Elemental   **Pirita**   Sulfuros

Sulfitos   **Sulfatos**   Tiosulfatos

CompuestoOrgánico

Química del Fósforo

M	Z	B	V	B	L	G	L	R	R	X	M	Z	E	V	T	A	L	S	Z	E	I	U
F	L	Y	V	H	F	T	L	V	K	Q	T	X	T	G	L	N	I	U	A	R	A	R
Q	E	R	X	G	O	A	S	C	J	S	K	Q	M	R	M	M	K	T	D	Z	C	M
B	L	R	O	R	S	D	D	R	F	K	Q	Y	C	O	S	N	D	M	E	B	W	H
L	E	D	T	J	F	Y	R	O	O	M	A	X	V	P	L	B	L	A	N	C	O	S
D	G	M	U	I	O	I	U	V	X	D	R	M	S	I	V	Z	F	V	O	B	M	Z
U	N	L	Y	J	L	D	N	B	H	Z	P	A	E	S	M	W	G	Q	S	S	S	W
F	T	S	H	W	I	I	E	I	K	E	A	S	G	U	C	H	M	D	I	Z	I	L
B	F	U	D	D	P	O	Z	O	K	K	O	R	F	D	B	J	B	T	N	Q	P	J
F	O	V	C	U	I	X	E	A	R	D	A	Z	O	V	B	D	B	C	T	Z	M	Y
T	G	K	H	S	D	C	E	F	N	N	I	P	S	J	E	T	V	K	R	U	C	N
Y	B	K	O	W	O	A	R	J	G	T	B	F	F	B	A	C	R	L	I	V	Q	T
R	U	P	H	B	S	W	J	I	E	X	E	G	A	V	S	F	G	D	F	S	O	U
P	T	G	H	H	K	K	K	Z	A	R	Y	S	T	X	V	X	G	V	O	S	I	B
E	D	D	C	Q	M	U	L	G	Y	R	U	S	O	C	I	R	O	F	S	O	F	R
K	J	F	P	U	P	T	P	Y	G	I	V	I	S	E	E	M	A	T	F	X	B	J
M	W	T	G	D	G	W	H	M	B	P	F	B	C	T	O	P	Y	O	A	V	P	P
W	S	E	A	M	W	Q	A	Y	H	U	G	U	S	K	I	I	H	T	T	N	X	P
J	S	B	X	F	G	B	B	N	Q	K	O	N	Q	I	O	J	K	E	O	A	N	H
F	J	M	K	Z	C	E	X	S	S	Q	C	E	C	O	U	A	Z	C	H	Y	L	U
Q	I	V	T	L	D	M	C	K	X	S	J	J	Q	E	W	U	E	B	T	K	O	F
A	C	Y	X	Y	B	K	E	T	V	C	J	J	D	I	M	Y	E	C	S	T	T	D
C	I	Y	U	Y	R	H	G	M	Q	S	J	J	I	V	S	M	N	J	H	O	S	K

Blanco   **Rojo**   **Fosfatos**
Fosfóricos   **AdenosínTrifosfato**   **Fosfolípidos**
Fertilizantes

Compuestos Orgánicos

H	K	J	D	O	G	U	P	F	U	O	Y	M	Y	D	G	X
A	L	N	A	R	T	X	S	Z	I	B	W	H	P	O	I	L
S	Y	X	L	O	A	Y	H	G	F	O	O	B	D	J	O	H
I	M	M	C	O	K	M	P	P	V	F	N	H	I	C	W	M
A	Y	H	A	R	V	J	I	A	M	I	E	I	Q	Z	U	G
T	E	J	N	U	Q	N	S	F	R	Z	U	R	U	W	P	J
S	J	A	O	B	P	H	O	W	I	U	Q	R	P	Q	X	L
D	P	N	J	R	Z	X	M	D	G	C	L	E	V	T	L	E
M	C	S	K	A	A	N	E	E	B	S	A	V	C	Q	K	A
X	F	N	W	C	U	T	R	T	R	V	Z	C	F	Y	H	V
H	H	Y	G	O	A	A	O	I	K	M	B	Z	I	U	Q	Z
V	B	H	W	R	A	K	A	S	O	K	Z	M	E	O	Z	D
Z	G	V	E	D	X	O	L	B	U	H	F	E	Y	C	N	V
Z	Y	O	P	I	O	C	I	T	A	M	O	R	A	Y	I	U
Q	K	F	I	H	O	X	D	Z	M	F	B	T	L	O	B	E
Q	P	V	F	Q	A	V	W	C	R	L	V	P	C	T	O	S
R	L	H	G	F	F	D	I	C	C	Y	P	M	J	X	Q	B

Hidrocarburo   **Alcano**   **Alqueno**
Alquino   **Aromático**   **Isómero**
Ramificación

Química Fotosíntesis

K	W	L	O	T	S	L	W	T	Q	Z	U	I	B	F	Q	M	N	U	N
C	B	X	T	N	R	U	Q	O	Q	I	M	F	C	O	S	O	J	X
U	U	U	N	M	T	O	D	S	K	D	R	K	O	Y	T	F	M	M	N
N	T	L	E	F	E	G	X	F	A	N	G	U	T	T	Z	Z	Y	E	Z
G	H	X	M	V	E	M	H	I	O	K	V	G	O	F	F	P	N	T	B
G	N	S	G	I	E	X	Q	T	G	T	T	D	L	B	V	E	F	X	E
I	Q	I	I	Y	A	L	P	O	J	E	O	J	I	U	R	L	X	K	Y
S	G	Y	P	Y	H	K	B	N	R	P	N	S	S	G	N	A	V	L	R
Z	K	Q	Z	V	Q	Z	Y	R	B	F	I	O	I	T	X	O	A	F	F
F	L	N	O	X	D	Z	V	O	K	A	V	A	S	S	Y	B	L	C	Y
E	A	X	Q	F	Y	A	L	E	D	G	L	K	H	S	T	W	W	R	M
Y	N	W	R	C	A	A	T	W	A	U	A	I	O	V	Z	E	S	I	V
V	U	F	R	T	R	H	J	Y	M	T	C	Z	F	L	W	Z	M	C	G
J	N	Q	T	F	A	P	T	I	O	V	O	A	X	O	Q	Y	A	A	S
T	T	H	C	M	T	V	N	R	Y	F	L	I	V	E	R	P	X	L	I
H	C	S	Z	X	Y	I	Y	L	N	J	C	E	A	Q	A	O	O	S	P
P	J	O	Y	Z	C	M	Z	Q	D	D	I	J	Z	Z	C	W	L	A	M
K	Q	R	C	A	B	E	L	U	R	A	C	V	G	N	V	B	D	C	Y
O	C	H	M	P	H	J	W	C	C	G	C	W	N	R	Y	J	W	D	Q
U	C	P	G	H	A	E	W	B	R	N	N	I	N	S	S	O	Q	G	L

Clorofila   Fotosistema   Fotólisis
CicloCalvin   Pigmento   Oxígeno
EnergíaLumínica

Q. Carbohidratos

P	V	P	S	C	Z	Y	S	I	Z	S	E	R	A	T	T
E	J	X	I	W	G	Y	C	F	G	O	P	B	W	L	S
F	G	P	W	A	G	C	E	A	N	S	L	B	Q	O	D	S
U	M	H	N	V	S	L	S	F	Q	O	K	V	Q	Q	B	V
L	Q	J	U	U	L	O	U	N	L	A	O	L	N	T	N	J
Q	G	T	D	A	T	Q	L	C	Z	I	D	N	X	A	F	I
I	B	E	B	C	H	Q	K	U	O	Z	I	N	Z	Z	I	T
R	O	P	U	E	R	S	S	J	L	S	R	U	S	Z	H	K
O	H	R	W	K	B	O	A	M	U	E	A	T	T	T	F	Z
B	F	R	Y	U	B	E	C	Y	J	S	C	Z	Z	M	B	V
F	K	Z	L	K	I	R	A	U	Z	R	A	J	A	V	P	N
G	G	E	I	O	D	I	R	A	C	A	S	I	L	O	P	L
K	O	V	B	C	U	Q	O	Y	J	I	O	X	M	X	P	C
B	F	W	D	W	G	E	S	K	G	Q	N	H	I	B	Q	P
C	Q	J	X	Q	P	D	A	F	T	B	O	B	D	O	M	A
U	M	R	J	E	A	N	Y	N	Q	W	M	J	O	Q	U	Z
L	L	P	Z	T	V	Y	I	E	A	Z	B	I	N	U	I	Z

Glucosa   Sacarosa   Celulosa
Almidón   Fructosa   Monosacárido
Polisacárido

Química. Lípidos

I	W	G	R	A	S	A	I	N	S	A	T	U	R	A	D	A	W	O	E
X	F	R	C	U	Y	R	Q	N	Y	I	O	H	V	H	Z	A	M	D	H
W	G	A	S	J	P	Z	E	X	X	S	B	H	L	U	V	H	D	I	E
H	M	S	Y	F	X	G	X	W	A	Q	Y	C	W	N	C	L	M	P	G
J	D	A	S	C	S	R	Y	R	S	Z	V	L	W	Z	V	G	D	I	M
I	U	S	K	N	A	T	G	D	L	T	A	I	H	T	F	X	K	L	Y
O	G	A	U	E	V	O	D	K	G	L	V	P	N	R	F	W	L	O	R
M	Z	T	Y	K	D	O	B	Z	G	O	W	O	W	Z	K	R	Y	F	U
M	F	U	D	I	F	K	K	E	L	G	B	P	F	I	O	W	P	S	V
Z	Z	R	C	M	M	O	V	H	H	K	G	R	Y	I	U	U	P	O	X
Y	L	A	K	U	E	W	F	J	D	X	G	O	M	S	O	J	H	F	B
Y	O	D	I	R	E	C	I	L	G	I	R	T	V	D	F	K	M	N	K
W	R	A	M	S	U	E	Q	E	B	A	F	E	T	T	V	S	V	L	P
S	E	V	Q	E	E	N	O	P	F	C	H	I	D	U	U	C	Z	E	R
N	T	Z	T	A	Y	I	M	Q	A	R	T	N	C	I	W	I	K	M	C
Y	S	X	F	A	F	Q	F	O	Y	P	F	A	G	B	G	R	L	A	E
C	E	E	R	S	Q	Q	F	R	E	E	A	K	Y	C	D	Z	Q	W	Q
D	L	V	E	J	X	F	Q	Z	W	X	X	E	N	Z	Y	M	J	L	K
A	O	H	O	J	L	D	C	R	I	O	I	M	Q	Y	G	A	H	L	X
G	C	Y	W	E	X	F	N	Y	K	B	Q	P	N	P	H	D	X	M	S

Ácido graso	Triglicérido	Fosfolípido
Colesterol	Lipoproteína	GrasaSaturada
GrasaInsaturada		

Química.Proteínas

C	S	X	E	Q	Q	A	C	R	N	Z	Y	E	W	U	Y	I	L	M	B	Q	M
K	W	U	G	G	L	Q	V	N	O	Q	F	S	M	E	Q	X	I	G	L	I	D
V	A	O	Q	A	F	E	K	N	A	Z	A	Z	H	S	G	S	V	M	F	T	P
O	P	N	H	J	U	T	Z	B	I	M	A	U	O	B	P	V	C	J	U	E	V
B	C	R	O	M	U	Q	G	K	I	V	U	I	K	Z	J	T	N	X	P	R	J
Q	C	D	P	I	K	S	I	N	D	A	C	G	H	O	P	O	U	T	H	C	K
Y	B	O	T	R	C	U	O	M	O	O	E	K	C	O	M	P	I	M	A	I	Q
V	W	C	I	X	I	A	R	S	Q	S	D	R	H	Q	K	D	L	O	O	A	H
G	H	O	W	U	C	M	Z	A	H	D	X	M	T	Q	O	Q	V	Z	W	R	Y
X	K	X	W	I	F	W	A	I	U	S	L	F	N	W	B	V	D	Z	Q	I	J
K	R	A	D	T	Y	G	Y	R	L	J	P	F	F	Y	W	U	S	H	A	A	U
O	U	O	Q	S	I	M	T	A	I	A	M	L	E	F	O	Z	R	X	G	B	N
C	L	K	Y	S	E	C	U	N	D	A	R	I	A	I	K	A	A	G	L	Q	J
P	P	W	M	C	W	X	D	R	L	W	Y	U	W	C	C	U	T	T	B	M	N
N	Q	N	K	Z	D	C	N	E	P	I	U	Q	T	N	S	G	A	B	M	T	S
Q	O	V	O	M	R	T	L	T	G	W	S	Y	R	A	Q	U	T	B	W	W	Z
P	F	Y	R	Y	T	C	J	A	Q	J	E	R	T	O	N	X	W	G	N	T	X
X	V	P	Z	Q	Y	P	R	U	M	P	O	B	E	A	K	S	L	G	J	M	N
H	E	X	F	G	D	W	H	C	T	I	H	Q	J	A	A	Y	E	L	Z	S	Y
R	O	L	I	J	D	B	V	Y	S	G	A	H	W	L	J	Q	F	D	Z	Z	V
L	B	C	K	C	A	R	O	B	G	Y	M	O	Z	R	W	V	F	S	B	S	O
A	S	Z	F	R	H	V	Q	D	P	L	T	R	L	Y	Z	R	T	X	S	V	K

Aminoácido Péptido Primaria

Secundaria Terciaria Cuaternaria

Desnaturalización

Q. Ácidos Nucleicos

Z	J	V	Y	Q	P	V	B	D	Q	B	M	F	A	K	J	E	T
Q	E	Z	A	I	K	H	K	H	V	C	D	N	W	I	N	I	Z
U	W	A	G	K	V	L	S	L	H	D	E	R	V	B	N	H	N
X	S	L	L	G	A	N	T	P	A	Y	L	N	K	N	R	V	E
H	L	H	W	B	D	O	D	B	Z	E	S	H	B	B	V	T	Q
S	E	Z	U	O	D	I	T	O	E	L	C	U	N	Y	M	R	L
X	X	W	N	Z	T	C	J	E	B	B	K	G	Z	Q	X	A	B
O	M	H	S	V	C	C	J	X	T	L	R	G	R	Q	O	N	J
V	D	S	O	J	A	U	E	A	R	N	E	W	J	I	P	S	M
F	Z	S	H	B	N	D	A	K	R	L	P	H	Q	D	Y	C	C
F	H	Z	R	K	M	A	L	H	P	K	L	J	E	U	T	R	Y
A	D	L	L	W	P	R	Y	D	S	U	I	E	W	L	E	I	S
U	T	J	L	N	I	T	L	X	U	F	C	Z	U	C	I	P	V
I	M	R	V	P	K	M	Q	D	K	K	A	E	U	K	M	C	Q
T	Y	Z	T	P	P	Y	S	M	W	T	C	Y	L	H	M	I	E
G	M	Q	H	C	X	A	X	P	C	E	I	C	J	I	T	O	F
W	H	Y	H	W	J	E	H	Y	F	A	O	Q	N	I	X	N	T
H	C	V	D	Z	B	T	S	C	O	Z	N	K	M	K	S	S	H

ADN	**ARN**	**Nucleótido**
Doble hélice	**Replicación**	**Transcripción**
Traducción		

Q. Antibióticos

E	U	X	O	C	E	Y	I	V	Q	S	B	M	I	L	A	W	I	V
T	U	O	A	N	I	L	I	C	I	N	E	P	N	N	C	I	T	G
E	V	P	A	M	T	P	V	U	L	S	X	Q	E	B	Z	E	S	K
I	Q	C	B	P	P	S	R	H	A	E	Y	J	L	I	G	Y	B	M
A	A	F	J	L	T	L	A	O	W	J	I	K	M	W	Q	Y	U	U
F	N	T	A	D	W	U	I	Q	F	I	Z	R	Y	I	I	N	G	Q
W	I	D	A	L	W	C	V	O	O	L	T	L	G	Q	I	F	A	E
F	C	M	K	A	X	M	Q	A	E	I	O	L	E	R	Z	N	C	E
R	I	F	T	T	H	G	L	J	N	S	A	X	M	G	I	C	E	Q
F	M	D	X	D	Y	U	M	D	S	C	P	F	A	C	G	P	B	R
S	O	V	K	G	Q	R	P	Z	Y	C	O	E	I	C	J	N	X	E
H	T	S	C	Z	J	O	F	Z	J	T	Z	M	C	G	I	Q	I	G
G	P	Y	Q	C	V	G	Q	D	G	L	O	H	I	T	Q	N	A	F
D	E	U	H	T	S	J	B	B	Q	R	J	O	U	C	R	W	A	F
W	R	S	U	J	W	X	J	C	T	T	L	U	Z	Q	I	O	O	F
Z	T	G	D	Y	C	C	K	I	D	R	E	I	E	F	V	N	I	M
X	S	E	K	T	E	T	R	A	C	I	C	L	I	N	A	H	A	X
O	E	N	C	X	R	E	F	T	M	T	Z	I	R	P	M	D	C	Z
D	Y	S	M	I	P	O	K	T	F	Q	S	L	Z	B	R	X	W	G

Penicilina   Estreptomicina   Tetraciclina
Ciprofloxacina   Eritromicina   Vancomicina
AmplioEspectro

Q. Antioxidantes

T	V	N	D	V	R	O	P	P	R	J	E	I	G	S	B	K
M	B	S	J	F	C	P	K	K	P	L	G	O	B	L	Y	B
K	Y	N	Y	P	A	Z	O	D	D	W	K	K	F	U	P	S
Z	Q	Y	H	O	C	Z	G	B	M	X	Q	L	G	S	H	W
T	C	F	S	A	T	A	D	X	J	K	H	R	L	W	X	I
Z	G	D	Q	Y	W	T	C	L	K	P	J	V	U	J	D	T
U	S	I	A	F	R	L	N	A	X	O	F	Z	T	V	M	N
X	N	W	M	R	F	M	V	C	V	L	V	J	A	Z	T	S
S	E	R	H	M	W	G	C	A	N	I	M	A	T	I	V	M
A	R	Q	B	A	Y	O	P	U	T	F	S	J	I	Q	Q	I
D	W	Q	S	B	G	M	C	A	J	E	I	R	O	C	D	X
K	Y	I	J	O	N	R	M	Z	Q	N	F	L	N	F	N	W
B	K	E	W	W	V	I	Y	O	V	O	F	H	J	O	A	E
L	D	F	O	I	N	E	L	E	S	L	N	C	S	U	K	T
C	B	E	T	A	C	A	R	O	T	E	N	O	M	S	J	V
H	U	C	E	X	R	Q	R	L	Z	S	D	G	O	H	V	J
G	C	Y	N	R	U	F	T	S	A	M	I	Z	N	E	F	A

Vitamina C **Vitamina E** **Betacaroteno**
Polifenoles **Selenio** **Glutatión**
Enzimas

Química. Chocolate

T	L	X	B	F	N	O	O	B	S	T	O	D	P	N	Z	F	Q	F
S	D	I	E	Q	H	G	B	M	M	Z	M	N	L	T	L	M	F	O
Z	L	Z	U	J	W	U	R	L	Y	I	Q	N	M	V	A	A	R	B
S	X	Y	R	Q	Q	S	N	Y	X	A	M	T	T	Q	F	Z	O	I
R	A	X	O	L	B	Z	T	W	E	Y	Y	P	Q	H	E	W	V	M
B	E	R	L	S	Z	T	N	B	K	C	H	O	T	T	N	S	R	H
V	T	H	C	M	K	J	D	C	D	B	D	L	D	Z	I	Z	R	M
S	D	R	L	W	A	S	V	P	H	S	Q	V	T	L	L	K	A	E
K	E	A	F	R	C	A	H	X	I	V	O	O	Q	C	E	N	H	Z
Q	G	D	C	L	P	R	J	F	E	B	U	C	C	T	T	P	W	X
H	U	T	I	L	K	P	W	W	J	D	Y	A	O	E	I	H	D	O
D	S	G	V	O	Y	O	A	R	V	M	U	C	C	I	L	I	R	F
H	T	J	U	V	N	H	S	H	W	I	Z	A	Y	T	A	O	O	F
J	A	P	E	H	N	O	C	C	M	N	C	O	H	C	M	Y	F	F
Q	C	W	Z	L	P	B	V	M	G	A	X	I	A	Y	I	I	G	M
I	I	Z	G	Q	R	R	P	A	C	I	P	H	D	I	N	L	H	K
F	O	Q	A	I	R	E	T	A	L	O	C	O	H	C	A	V	V	G
A	N	I	M	O	R	B	O	E	T	F	H	X	P	U	V	L	L	G
T	X	E	T	G	R	Y	W	P	W	X	Q	C	M	W	E	A	Y	F

Teobromina	Feniletilamina	MantecaCacao
PolvoCacao	Flavonoides	Chocolatería
Degustación		

Química del Vino

W	N	H	Q	N	E	O	K	E	U	M	F	Z	F	H	D	Z
J	I	O	H	G	I	F	S	E	A	U	E	N	H	L	H	L
H	A	C	A	L	R	N	H	O	N	C	V	T	J	S	R	A
E	M	J	V	O	M	B	B	T	R	O	D	V	W	J	S	B
G	S	V	C	M	A	C	Q	M	H	U	L	G	S	N	I	J
H	A	Y	G	Z	L	F	I	H	E	O	F	O	C	M	L	K
W	N	H	A	V	T	P	D	A	A	H	Q	L	G	J	S	L
E	I	P	S	W	X	L	K	W	S	T	P	W	U	O	C	V
W	N	F	E	R	M	E	N	T	A	C	I	O	N	S	R	Z
J	A	R	E	U	G	F	Q	I	E	G	K	I	Y	H	D	V
N	I	W	V	B	C	E	K	M	O	C	N	I	S	J	P	I
F	C	A	T	K	O	B	K	C	C	A	T	A	D	O	R	K
A	O	E	B	F	P	Q	F	O	T	X	M	J	T	I	E	I
T	T	O	V	F	L	D	V	M	A	O	K	E	P	D	E	H
H	N	M	A	R	N	P	M	R	Q	F	S	G	M	N	F
Y	A	T	Q	Q	Z	C	O	A	Y	M	R	R	G	K	Q	G
V	B	U	N	M	X	W	X	L	G	T	F	H	A	V	B	C

Taninos   Antocianinas   Aromas
Fermentación   Sulfuroso   Enólogo
Catador

Biodegradables

A	P	P	A	R	I	Z	F	C	E	O	T	J	N	A	Z	S	A	M	Y	U	H	R	K	U
E	Z	J	D	R	R	U	P	U	U	V	H	W	O	R	M	M	X	Y	Z	K	U	G	V	R
R	F	W	Z	N	S	E	Q	D	W	L	R	S	J	L	V	X	X	A	U	Y	R	K	Q	H
K	B	A	F	B	G	L	T	B	B	B	K	H	P	F	V	V	A	A	G	G	L	N	O	B
Q	P	S	P	O	L	I	H	I	D	R	O	X	I	A	L	C	A	N	O	A	T	O	P	K
G	V	V	L	V	G	D	O	E	O	E	W	A	C	W	K	O	V	O	V	A	H	D	G	Z
Y	B	N	R	P	E	F	L	K	R	H	G	H	N	P	U	J	I	T	U	J	P	I	U	A
U	V	Q	J	S	X	O	A	E	G	N	N	C	I	G	L	M	Z	C	Q	W	Z	M	S	J
M	F	M	E	B	E	C	Q	X	U	Z	M	D	L	A	T	W	O	A	I	T	A	L	C	U
M	D	E	K	D	B	Q	U	O	Y	L	X	R	E	S	S	B	B	L	F	H	V	A	E	Y
W	O	S	F	O	R	R	O	H	G	D	U	A	U	H	B	N	M	O	W	F	E	D	M	H
G	H	I	I	J	Q	E	V	X	Q	C	X	S	H	P	M	Q	Q	R	Z	L	A	O	L	F
E	D	A	B	C	V	P	V	W	N	Z	D	H	B	Q	A	Y	U	P	B	B	K	G	M	Q
Z	G	T	R	R	T	S	W	O	B	I	O	D	E	G	R	A	D	A	C	I	O	N	L	T
I	B	Z	V	W	E	Y	A	Y	N	C	H	P	T	C	S	G	O	C	V	R	O	G	M	J
F	N	S	M	A	A	T	C	V	N	E	V	G	Z	L	H	O	H	I	U	S	X	T	K	R
N	P	K	B	C	T	P	S	A	K	B	L	E	I	R	I	F	O	L	D	R	Y	F	S	P
I	N	C	U	Y	H	J	I	E	V	E	G	I	C	E	P	H	S	O	X	P	O	N	Z	T
F	W	N	P	I	R	D	D	B	I	U	H	H	T	P	T	K	I	P	Q	W	X	B	W	I
B	X	A	R	S	K	Y	K	O	B	L	S	M	Z	E	K	Q	S	O	V	W	O	I	J	N
M	B	P	D	A	G	Q	T	R	W	K	O	F	V	H	I	Y	J	Z	Q	Y	F	N	I	Y
R	W	X	V	M	S	A	C	I	D	O	P	O	L	I	L	A	C	T	I	C	O	G	Z
H	P	N	E	W	S	H	W	S	M	Z	L	L	J	Z	P	C	O	H	Z	G	H	M	N	T
G	P	J	D	E	Z	N	V	F	A	X	N	B	X	S	H	U	K	P	E	T	J	W	U	B
I	E	V	J	Z	J	X	Z	E	H	C	O	Q	C	O	Y	G	C	X	W	S	R	G	E	Y

Polihidroxialcanoato	**PoliésterBio**	**Policaprolactona**
ÁcidoPoliláctico	**PolietilenoVerde**	**Almidón**
Biodegradación		

Química del Grafeno

X	L	Q	F	R	D	E	Q	H	N	M	X	S	V	Y	S	D	R	L	N	M	K	V
J	O	V	P	W	Q	M	L	U	X	C	V	E	D	K	M	H	A	R	V	K	F	F
G	L	K	A	J	T	D	M	A	K	P	E	R	R	A	H	F	F	A	S	V	J	C
J	R	Y	J	O	F	K	R	I	N	F	Z	O	W	T	V	H	V	H	G	P	V	Z
P	S	M	X	M	D	C	W	K	Z	O	S	D	M	S	T	R	J	U	P	E	I	M
S	Y	H	U	V	P	A	S	J	O	C	I	A	Q	H	E	O	W	D	Z	Z	E	N
X	S	R	F	C	L	N	Z	D	A	R	A	S	N	N	I	D	F	K	X	S	W	C
K	E	S	P	T	V	O	C	I	B	P	R	N	N	S	Y	T	A	X	B	G	S	M
I	A	A	S	P	S	S	X	M	L	L	T	E	D	E	H	Q	J	Z	U	Q	X	W
D	M	E	F	X	Q	G	K	I	E	A	B	D	J	T	M	S	K	H	K	N	B	W
I	S	G	P	Y	B	I	C	P	D	W	N	N	U	F	P	I	X	F	N	K	F	N
A	D	B	V	B	P	A	D	S	T	O	G	O	H	I	B	G	D	K	R	T	R	G
H	O	K	C	Y	C	K	Y	P	M	S	V	C	I	P	W	E	L	I	O	E	G	I
E	V	O	A	I	E	X	O	I	K	C	C	R	F	C	B	X	O	R	R	G	M	T
M	Z	A	O	Y	X	G	L	T	U	P	B	E	W	F	N	C	K	J	X	T	W	U
V	M	N	C	N	J	S	V	J	L	J	P	P	Y	J	A	U	Y	E	L	D	J	L
Z	E	T	E	K	F	D	C	X	G	C	B	U	Y	P	N	K	F	Z	Z	Q	Y	J
S	A	T	T	J	L	K	S	J	T	C	Q	S	Z	U	O	D	G	V	F	G	R	C
J	H	R	E	M	U	A	U	C	H	X	S	X	K	D	T	G	J	L	B	V	M	N
Q	K	M	C	X	M	I	B	L	R	R	U	V	E	V	U	O	Z	O	W	O	G	T
E	J	T	I	N	K	G	S	N	H	Q	A	B	I	K	B	J	D	T	D	E	X	M
O	N	J	N	C	M	N	Z	H	X	A	D	R	V	S	O	L	X	N	D	U	B	E
V	R	Y	B	J	X	C	A	P	A	V	A	R	F	U	S	Q	G	A	R	O	K	Y

Capa
Tridimensional
Aplicaciones

Óxido
Funcionalizado

Nanotubos
Supercondensadores

Q. Bioplásticos

V	O	G	Z	J	K	P	B	J	M	L	F	S	H	A	P	K	L	T	E	K	P	W	C
A	D	M	H	C	I	N	X	Q	X	U	J	M	X	F	I	T	V	K	R	C	J	B	J
Z	F	P	H	G	I	T	R	U	P	E	J	A	K	O	S	F	B	B	O	A	S	W	Y
B	M	F	O	G	V	Z	W	T	H	V	G	P	A	B	Z	M	X	B	E	M	S	H	L
G	T	V	P	L	P	O	L	I	E	T	I	L	E	N	O	V	E	R	D	E	W	N	O
Z	D	T	D	F	I	M	I	G	Z	V	N	J	X	T	W	T	S	H	G	K	K	W	Q
A	X	F	L	P	L	H	A	I	S	A	P	H	V	Q	M	G	S	G	G	S	P	D	H
G	C	P	X	I	O	H	I	E	Z	C	V	C	U	Q	D	A	F	Y	B	Z	J	J	Y
P	T	K	K	N	W	L	T	D	R	I	W	I	J	G	O	C	X	U	V	R	P	N	W
H	W	A	Q	W	I	C	I	V	R	D	D	P	G	A	U	H	G	E	F	U	T	A	Q
K	J	A	D	H	C	B	Y	P	N	O	I	C	A	D	A	R	G	E	D	O	I	B	P
F	T	A	U	A	G	Z	Y	Z	R	P	X	S	R	S	J	U	E	Y	K	T	T	P	X
W	N	B	L	A	S	H	G	C	P	O	X	I	N	H	O	J	B	P	S	E	O	O	R
Y	G	A	F	J	Z	D	W	D	W	L	P	L	B	N	I	G	J	N	E	X	K	W	Z
O	W	P	U	Q	P	N	U	I	G	I	Z	I	E	U	Q	V	I	N	L	T	V	L	K
R	T	D	I	Q	O	R	P	A	T	L	X	V	L	Q	T	C	A	A	B	Z	Q	V	J
P	M	C	V	D	O	Q	T	K	J	A	O	W	X	E	N	I	S	W	I	P	W	C	O
T	D	L	I	D	Y	D	V	X	Z	C	Q	I	C	Q	N	L	R	T	N	B	Q	T	R
O	F	M	C	Y	V	D	U	K	A	T	Y	V	U	T	C	O	T	A	E	U	P	V	Z
N	L	Y	K	E	B	N	G	G	J	I	E	I	U	S	Y	I	B	H	T	R	B	V	Y
A	C	O	B	I	V	U	V	K	N	C	H	Z	I	G	U	Q	U	I	S	O	P	D	X
U	G	J	M	W	P	A	U	B	Y	O	J	W	C	L	T	W	G	S	O	J	X	Z	A
C	G	G	D	V	O	P	M	X	B	N	Y	F	F	W	H	V	I	Z	S	A	Z	U	S
R	M	N	U	H	X	Y	D	S	L	O	V	F	M	D	J	E	R	D	A	Q	J	A	M

ÁcidoPoliláctico   Polihidroxibutirato   PolietilenoVerde
PolipropilenoBio   Almidón   Biodegradación
Sostenibles

Q. Nanomateriales

W	M	Z	D	E	N	D	B	O	X	P	C	A	P	Y	N	D	V	Z
N	W	O	Y	Q	F	I	D	H	G	I	V	N	A	X	H	W	P	C
D	B	S	U	D	S	K	S	K	V	A	D	A	D	D	S	K	N	S
C	N	E	Z	B	G	O	O	X	S	N	Z	N	M	A	H	N	J	A
D	X	P	E	N	F	R	T	I	Q	O	C	I	C	H	Q	B	N	L
Q	M	J	V	I	A	R	I	S	A	F	C	C	K	V	O	N	I	U
U	D	T	K	A	E	N	S	M	E	F	J	I	Z	K	H	F	M	C
B	G	L	F	I	A	F	O	K	H	U	E	D	L	N	G	H	R	I
M	M	W	J	J	H	Y	P	T	N	A	P	E	L	A	C	C	J	T
F	D	Z	V	B	K	K	M	T	E	F	W	M	R	S	T	U	R	R
F	J	D	M	T	V	H	O	B	Z	C	U	Z	O	J	T	E	K	A
A	M	Y	W	B	Z	P	C	S	W	P	N	B	L	C	V	O	M	P
H	W	J	H	A	R	E	O	O	V	A	U	O	X	N	O	C	D	O
Z	E	E	E	Y	I	U	N	R	Z	T	F	I	L	Z	H	N	U	N
B	C	Z	O	G	V	C	A	D	O	I	O	G	E	O	F	B	A	A
W	J	Z	J	A	X	I	N	N	Z	J	W	V	F	O	G	G	E	N
U	E	Z	S	M	R	L	A	E	V	G	C	X	T	P	M	I	M	Z
A	E	N	D	I	U	N	D	F	W	M	I	V	U	K	V	Z	A	H
T	O	Y	C	Q	Q	M	G	F	L	K	W	M	T	Q	C	L	C	O

Nanopartículas   **Nanotubos**   **Nanocompuestos**
Nanocompósitos   **Nanotecnología** **Metálicos**
Medicina

Q. Nanocatalizadores

N	C	O	N	L	M	L	E	V	V	L	F	K	V	K	D	F	D	Z	K
D	P	E	S	C	A	T	A	L	I	S	I	S	E	Y	R	J	S	P	A
Z	Q	Q	E	V	X	E	C	X	K	J	Z	W	O	K	F	A	D	M	R
A	A	P	N	G	R	F	N	D	O	W	J	B	Q	P	L	W	Y	H	E
S	X	E	O	A	W	M	U	A	N	F	F	I	Z	U	W	I	V	F	R
E	A	S	I	Q	P	Z	M	R	A	O	H	W	C	A	N	L	I	L	O
E	Y	J	C	R	M	L	C	L	N	B	N	I	J	T	X	C	L	V	O
W	R	U	C	I	R	C	I	N	O	P	T	C	U	H	I	N	L	E	Q
O	I	Q	A	Q	J	D	S	C	C	R	W	Z	H	E	J	Q	E	P	S
Z	V	J	E	T	Z	B	O	I	A	V	S	Z	N	I	Y	S	H	J	L
R	B	M	R	Z	S	W	P	P	T	C	H	C	N	W	Y	Q	P	D	H
M	W	F	C	T	L	F	O	H	A	L	I	A	W	G	S	S	F	R	V
L	B	T	B	L	C	N	R	T	L	A	C	O	O	I	L	Y	X	F	B
J	X	W	V	X	A	P	T	I	I	I	B	E	N	N	V	J	Y	G	G
O	E	V	Z	N	N	L	E	B	Z	D	U	X	X	E	R	Y	B	J	A
B	H	Z	M	P	Y	X	O	S	A	P	O	D	D	H	S	C	E	C	J
L	Q	C	D	M	F	A	K	X	D	F	M	Y	J	K	K	G	F	W	U
S	Q	F	O	T	Y	J	B	S	O	G	R	V	Z	E	X	D	E	E	M
Y	U	W	M	J	X	M	A	A	R	N	F	Q	L	I	R	U	N	A	S
C	Y	E	L	I	N	W	I	J	D	H	J	I	F	I	D	C	V	K	W

Catálisis
Reacciones
Aplicaciones

Nanocatalizador
Nanopartículas

Soporte
Eficiencia

Q. Biocombustibles

W	Q	K	L	T	L	Z	X	M	M	I	Q	R	F	O	B	Q	Z	O
F	U	Y	E	N	B	B	K	N	R	B	Q	R	R	O	T	M	I	T
S	L	Q	T	Z	K	O	L	N	Y	F	F	I	G	Q	S	X	T	J
Z	P	B	T	W	L	W	B	X	I	G	Y	W	P	O	E	K	X	Z
T	M	S	I	C	M	T	K	D	I	W	J	G	S	U	J	B	A	H
E	P	H	N	O	H	K	Z	Y	E	L	E	T	R	P	K	I	F	L
F	R	G	R	I	C	U	S	B	F	W	E	B	A	A	M	O	N	O
I	Z	K	E	Q	Z	O	T	E	U	N	A	J	I	Q	H	M	D	N
O	Y	T	J	L	K	E	M	Q	I	S	Q	Q	F	O	G	A	Y	A
M	L	C	Q	M	K	S	P	B	J	Z	U	P	H	U	G	S	T	T
Z	P	U	Y	D	B	N	L	L	U	C	V	A	E	H	A	A	D	E
L	I	X	W	M	G	E	P	G	V	S	A	K	Q	G	L	O	S	O
M	A	R	L	E	O	I	I	M	C	E	T	Q	I	W	O	N	H	I
W	Z	V	J	R	T	R	Z	K	K	K	C	I	U	C	N	M	Q	B
J	K	L	C	L	N	Y	K	J	X	Q	V	A	B	M	A	V	E	T
F	S	N	J	H	N	B	I	O	D	I	E	S	E	L	T	S	L	E
R	L	X	Y	G	P	Z	L	X	T	W	K	N	C	K	E	O	Z	L
M	V	N	M	J	K	O	P	A	G	X	W	J	C	C	Y	C	H	P
K	M	I	B	L	A	B	K	N	M	I	K	P	G	W	M	T	G	K

Etanol   Biodiesel   Biogás
Bioetanol   Biomasa   Sostenible
Biocombustible

Ferroeléctricos

H	M	E	N	P	P	O	D	R	K	T	S	B	P	N	M	M	T	J	I	U	U
J	N	O	L	P	H	F	S	A	G	G	B	O	Z	V	I	H	H	P	N	K	L
B	G	P	N	E	O	M	P	E	U	Q	U	G	Y	I	X	N	N	P	R	L	V
M	B	B	I	X	K	X	A	D	O	B	C	K	X	F	Z	G	P	O	I	S	U
S	T	E	L	E	C	T	R	O	N	I	C	A	O	A	T	T	S	D	O	Z	Y
K	E	W	P	U	Z	M	P	V	L	P	A	O	F	L	H	D	W	A	M	H	S
J	Q	Z	R	S	Y	O	Q	A	J	C	P	P	Y	M	K	S	O	L	G	D	U
N	X	G	F	S	B	J	E	U	A	G	T	J	R	T	O	S	R	W	X	P	A
P	L	D	K	C	O	W	L	L	T	H	C	F	U	C	N	O	E	N	A	S	T
E	E	Z	X	Y	W	C	B	L	E	N	X	T	I	I	B	V	K	A	Z	H	W
M	H	X	F	Y	P	A	I	A	T	C	B	R	A	C	Y	I	G	I	J	L	F
J	T	H	B	W	Q	K	Q	C	N	Y	T	M	Z	X	X	T	T	S	U	P	J
S	Y	E	G	B	E	X	X	I	P	C	O	R	S	A	E	I	C	X	O	X	W
D	N	X	D	F	X	I	K	H	E	D	S	C	I	W	L	S	Z	V	D	Y	Z
U	M	Z	D	J	V	J	R	L	W	W	E	X	H	C	J	O	U	T	V	H	I
O	J	W	D	G	Z	M	E	U	Y	Z	A	L	N	D	O	P	I	W	X	G	N
M	A	J	S	Y	L	O	O	G	C	C	L	I	A	V	D	S	G	S	A	M	C
N	Y	V	S	T	R	P	I	S	M	O	Z	T	G	W	P	I	U	F	W	W	D
C	Z	F	E	R	R	O	E	L	E	C	T	R	I	C	I	D	A	D	H	N	V
U	T	H	E	M	Q	T	P	F	J	H	P	N	E	Y	Z	M	F	K	U	Z	Q
Y	X	F	A	N	X	P	F	Q	T	N	X	U	U	W	J	T	E	F	B	B	F
N	I	R	F	Q	S	G	F	T	C	J	U	X	V	P	I	K	B	D	W	W	Q

Ferroelectricidad   Ferroeléctricos   PuntoCurie
Domains   Piezoeléctrico   Electrónica
Dispositivos

Q. Termoeléctricos

Y	D	E	S	J	M	Q	E	J	F	V	T	A	S	S	P	Q	N	M	V	E	Y
R	K	I	E	F	I	C	I	E	N	C	I	A	T	E	R	M	I	C	A	X	Z
A	Q	P	Z	J	J	J	U	L	C	Q	A	Y	J	R	E	G	L	C	U	K	X
A	X	G	L	W	I	U	L	G	J	O	V	A	I	O	J	U	R	H	E	Y	P
Y	B	H	R	Z	W	P	Q	B	U	K	P	N	D	D	W	P	R	Y	B	W	K
O	K	L	X	O	R	U	V	R	M	T	Z	R	A	A	C	X	A	P	V	H	Z
P	W	A	W	F	H	N	T	C	H	X	U	I	D	R	P	S	U	T	Y	B	Z
N	N	Z	R	S	D	H	J	S	M	U	G	B	I	E	Y	A	J	A	W	I	V
A	G	K	K	Z	D	S	N	T	D	R	J	K	C	N	F	F	C	K	R	H	L
V	K	R	F	Z	K	N	S	W	E	T	E	D	I	E	G	I	V	S	C	Z	P
C	T	K	W	L	P	A	A	N	G	X	N	F	R	G	R	R	W	D	Z	B	I
Z	J	L	T	R	D	V	E	Q	H	Y	Z	E	T	T	X	S	J	H	M	H	G
H	K	X	A	O	C	W	R	T	W	L	Y	Z	C	F	D	X	V	B	M	M	U
O	Z	V	C	M	R	S	I	A	I	P	N	E	E	E	P	U	P	V	S	A	L
G	N	O	I	S	R	E	V	N	O	C	L	H	L	J	I	T	V	E	H	O	H
W	E	A	B	T	W	A	A	B	N	E	R	D	E	T	Y	U	T	B	Y	I	C
U	T	L	Y	G	R	D	Y	U	O	H	T	T	O	O	O	I	C	I	E	C	N
L	A	X	O	S	B	H	P	M	S	I	M	W	M	O	P	V	D	A	F	D	F
R	C	G	D	U	J	E	R	J	M	A	T	E	R	I	A	L	E	S	X	C	V
I	J	T	C	I	S	E	L	U	E	Z	F	T	E	D	W	Q	G	T	J	G	N
H	Y	Q	S	K	T	H	J	G	E	P	P	E	T	M	Z	T	U	R	H	O	H
X	R	R	P	W	W	S	N	V	G	D	O	D	A	D	O	X	V	J	J	E	U

Termoelectricidad   Materiales   EficienciaTérmica

Generadores   Energía   Conversión

Termoeléctrica

Q.Material Magnético

C	J	P	T	M	E	M	O	R	I	A	M	A	G	N	E	T	I	C	A	P	A	C	P
H	J	J	K	B	M	B	L	V	X	L	O	U	V	H	Z	V	M	P	E	D	I	P	D
W	J	K	G	P	W	X	U	R	L	X	N	J	Y	S	Z	E	R	A	M	N	G	Q	K
A	W	E	Y	L	H	P	H	S	O	B	O	A	U	G	X	V	F	W	C	Z	O	Q	P
X	D	T	V	S	X	K	A	D	N	M	M	G	R	Q	S	N	E	D	H	W	L	A	S
T	U	H	Y	Z	R	E	F	V	I	D	S	H	I	U	P	M	S	C	C	T	O	Y	M
N	Q	K	O	L	B	K	P	U	K	C	I	I	N	U	R	R	A	I	S	V	N	V	O
K	R	Q	E	L	M	O	S	H	F	L	T	O	T	P	M	Q	Z	U	A	F	C	F	B
O	I	D	R	C	J	W	B	L	P	K	E	J	E	E	T	C	N	G	F	W	E	P	X
Z	J	G	B	W	W	U	O	R	G	A	N	M	K	F	N	Q	G	M	T	R	T	V	Q
V	N	E	S	C	F	Y	S	S	L	J	G	M	D	Y	F	G	M	W	R	G	V	L	I
C	X	R	X	Q	G	A	M	A	M	B	A	U	D	V	O	H	A	O	Y	W	Z	C	L
P	W	N	Y	X	M	Z	A	A	T	W	M	B	Z	L	N	A	M	M	P	P	Y	W	X
M	Q	H	J	N	G	G	R	U	T	I	O	R	E	L	C	A	D	K	W	M	R	Y	K
G	D	I	M	L	O	M	D	N	A	E	R	P	D	W	G	P	Y	J	I	U	B	V	Q
H	Y	M	P	C	X	L	R	W	H	F	R	R	G	N	M	N	O	C	O	J	K	Y	R
Q	I	G	C	M	G	H	Q	H	M	I	E	I	E	S	Q	C	L	G	S	D	R	E	U
W	T	Z	J	X	G	D	J	V	A	Z	F	T	A	F	V	G	V	J	S	F	L	Z	I
D	K	V	P	H	D	E	Q	C	P	B	I	P	A	L	R	Q	H	F	U	V	O	L	D
B	A	Y	G	F	S	O	J	P	G	S	T	C	Y	O	E	E	G	W	N	W	A	C	A
H	V	N	Q	T	G	T	O	O	M	Z	N	W	Q	R	I	S	B	S	U	N	N	P	L
R	M	J	V	T	J	D	Q	O	O	A	A	D	N	Y	K	C	V	Y	Y	Q	J	P	Q
T	J	V	G	S	V	I	J	W	W	B	C	W	I	G	F	C	M	W	Z	V	V	S	R
P	G	V	Z	M	L	N	L	Y	U	L	Q	C	X	W	H	F	T	H	Z	S	M	G	N

Magnetismo   Materiales   Ferromagnetismo

Antiferromagnetismo   Ferritas   Tecnológia

MemoriaMagnética

Material Fotovoltaico

U	T	J	P	B	F	R	Z	U	S	F	C	A	I	B	F	H	I	O	V
L	V	U	R	L	M	L	J	L	I	T	X	G	C	A	O	Y	W	J	L
N	N	G	V	G	Z	Q	M	G	L	I	E	R	D	B	Y	T	Y	R	K
M	I	A	P	S	V	E	F	K	I	C	J	U	G	A	F	L	B	J	Y
Z	C	L	L	H	Y	V	P	C	C	S	R	M	E	M	F	D	N	W	P
C	Z	B	E	A	I	C	N	E	I	C	I	F	E	D	Z	E	Z	F	E
Q	X	J	A	C	I	A	T	L	O	V	O	T	O	F	S	D	M	S	Y
B	S	D	B	Q	X	Z	H	D	S	R	Y	I	G	C	N	U	O	D	S
A	A	D	A	G	L	E	D	A	L	U	C	I	L	E	P	M	B	D	A
X	R	R	F	L	R	A	J	O	E	F	Y	T	X	L	D	Z	Y	B	H
B	N	Q	U	D	F	X	S	R	F	T	L	E	T	U	U	B	X	A	O
T	J	L	M	V	N	T	U	G	N	Z	X	V	R	L	F	Z	S	Q	M
U	E	G	Z	K	H	E	V	A	O	Z	V	F	Q	A	L	S	D	X	K
L	N	Z	D	M	P	I	W	N	I	C	F	S	A	S	R	O	O	U	D
Q	T	F	N	X	C	U	A	I	G	R	E	N	E	O	E	Y	U	D	U
D	Q	M	B	Y	L	K	U	C	K	M	I	T	P	L	G	T	T	R	M
W	X	M	Y	D	N	M	O	A	L	Y	Y	M	Z	A	N	U	D	J	I
Z	Q	H	O	L	A	H	S	M	K	J	J	L	Q	R	R	P	D	J	D
G	C	O	X	S	M	F	D	U	W	V	S	T	R	S	R	Y	C	V	V
N	D	P	K	N	Q	M	Y	F	D	J	C	F	L	Z	N	X	V	Y	I

CélulaSolar   Silicio   PelículaDelgada
CeldaOrgánica   Fotovoltaica   Energía
Eficiencia

Elementos Comunes

C	F	U	Z	W	H	S	R	J	F	Q	A	K	O
G	N	I	T	R	O	G	E	N	O	M	I	U	E
P	N	W	O	T	S	V	Z	P	U	N	Y	Z	K
P	D	N	L	K	H	X	Q	G	C	O	H	U	V
B	J	W	B	X	I	S	O	A	S	G	E	T	Z
U	P	O	W	O	D	J	R	F	U	P	C	Z	L
A	L	O	X	J	R	B	R	C	J	H	O	O	T
K	K	H	T	I	O	R	E	S	L	S	I	X	L
M	L	C	J	N	G	B	I	X	C	L	C	T	W
V	S	N	O	S	E	E	H	C	E	S	L	I	Z
Z	M	Q	K	N	N	T	N	H	V	R	A	G	Z
M	E	Y	X	J	O	M	E	O	G	W	C	P	H
Y	B	S	M	F	B	E	O	A	R	Q	E	O	H
J	E	M	N	E	J	G	O	U	C	P	F	G	S

Hidrógeno   Oxígeno   Carbono
Nitrógeno   Helio   Hierro
Calcio

Gases Nobles

N	M	X	B	H	Q	L	Q	T	K	X	B	R	K
O	O	X	P	C	I	Q	O	N	U	Z	U	Q	M
T	J	S	E	P	A	I	O	O	M	N	O	C	T
P	W	V	S	R	L	J	D	N	Q	V	G	G	E
I	K	M	R	E	T	J	E	E	J	A	F	P	Q
R	B	I	H	L	N	H	X	X	Y	Y	J	X	O
K	T	D	N	O	I	A	X	Q	T	Z	R	N	O
W	J	Z	D	I	W	A	G	N	V	W	O	I	D
Y	J	A	C	C	J	H	Q	O	S	X	V	R	Q
G	R	V	T	N	O	G	R	A	S	G	L	O	V
E	N	J	E	O	B	F	X	R	H	O	C	O	B
U	Y	K	Q	E	B	Z	U	E	K	S	E	I	O
C	U	D	Y	N	Z	G	L	H	W	T	B	X	T
P	L	M	U	M	A	K	I	I	Y	P	Y	V	Y

Helio   Neón   Argón
Kriptón   Xenón   Radón
Oganessón

MetalesDeTransición

P	U	H	K	V	A	E	H	Y	K	U	W
T	F	Y	M	B	Z	L	A	K	I	M	B
Z	I	H	P	C	N	M	L	E	E	F	L
G	F	T	Q	Z	P	K	J	C	W	J	B
G	B	A	A	X	Q	E	B	B	N	L	T
R	T	M	Y	N	O	R	P	W	N	W	F
W	B	Y	X	R	I	B	F	M	P	M	D
K	X	E	O	Z	D	O	R	R	E	I	H
A	T	A	L	P	A	C	B	S	C	U	L
Q	U	Q	D	C	N	I	Z	G	Q	I	U
Y	G	S	X	N	A	E	Q	L	F	M	O
R	C	Z	F	L	V	R	T	Z	B	B	X

Hierro   Cobre   Oro
Plata   Zinc   Titanio
Vanadio

Compuestos Orgánicos

L	S	A	A	S	A	W	R	D	S	N	N	D	U	M	T	M
M	N	P	R	W	M	H	F	K	R	N	P	T	A	C	N	F
Z	C	N	N	A	I	A	U	E	Z	E	L	Q	R	J	U	C
B	O	V	Y	N	D	T	H	A	M	D	T	R	H	F	G	O
O	Y	L	W	S	A	N	R	N	Y	X	N	E	Z	B	D	R
M	H	X	N	E	X	S	G	N	Q	W	B	T	R	I	O	U
Z	X	D	T	X	E	O	C	L	U	A	C	S	H	Y	Y	B
P	W	T	H	T	V	Y	P	S	U	T	Y	E	L	G	W	R
P	H	Z	M	E	L	J	I	W	I	A	D	I	P	L	W	A
N	J	S	T	B	D	M	A	B	Z	L	I	Q	I	U	J	C
F	A	P	D	C	R	S	N	G	A	C	I	Z	K	Z	N	O
X	Z	M	K	P	A	E	C	N	Z	O	I	J	T	Y	O	R
M	S	L	M	R	H	S	O	V	U	H	O	H	L	U	R	D
D	Z	P	Y	H	Z	T	M	Q	N	O	U	A	Q	H	T	I
J	N	V	U	J	E	L	Z	S	A	L	V	G	G	F	F	H
V	J	D	G	C	A	Q	V	A	F	U	U	Q	I	W	Y	H
M	T	O	P	I	N	T	X	Y	N	S	U	G	C	L	S	H

Hidrocarburo   Alcohol   Éter
Aldehído   Cetona   Éster
Amida

Reacciones Químicas

G	J	X	V	H	F	N	S	Q	K	K	P	U	F	C	D	O	M
G	N	E	U	T	R	A	L	I	Z	A	C	I	O	N	I	P	H	I
M	O	D	H	V	Z	L	R	P	P	S	Y	B	H	H	S	W	O	L
D	I	Y	Z	J	K	A	O	Q	Y	Y	Z	F	E	F	U	G	N	E
V	T	O	D	G	R	L	M	C	X	H	K	N	T	P	Q	I	K	H
A	S	X	P	E	S	Z	O	R	V	U	S	R	W	X	Q	T	L	J
O	U	I	I	N	S	L	J	Q	F	M	Y	R	Q	N	R	W	O	D
F	B	D	S	V	H	C	W	R	S	M	R	Z	E	W	K	O	P	Y
T	M	A	W	I	M	N	O	I	C	C	U	D	E	R	J	R	N	S
C	O	C	Z	Q	L	W	H	M	V	F	K	I	O	Q	X	W	J	P
U	C	I	T	R	H	O	W	Q	P	J	Y	Z	N	Z	V	Q	C	E
N	F	O	Y	O	K	W	R	W	S	O	C	H	C	Y	D	A	S	O
Z	G	N	B	J	N	P	V	D	P	D	S	E	C	Q	Q	I	T	L
X	W	K	U	J	I	P	I	C	I	T	E	I	V	N	N	X	P	N
S	G	I	Q	Y	X	A	X	Q	F	H	B	M	C	T	O	E	P	I
W	L	H	V	L	C	D	Y	X	V	H	G	T	E	I	L	M	M	E
D	T	S	U	B	K	Q	O	M	K	L	L	S	T	L	O	N	B	X
P	G	Z	F	I	E	V	N	K	X	B	I	V	T	Z	W	N	R	N
N	O	E	N	X	O	J	G	C	Y	S	D	N	L	R	W	C	E	C

Combustión Oxidación Reducción
Síntesis Descomposición Hidrólisis
Neutralización

Sustancias Comunes

H	X	K	M	R	Z	V	P	Z	X	J	I	K	I	A	Q
T	J	F	W	F	R	G	N	M	K	S	G	S	R	Z	L
C	H	I	Z	J	U	P	X	L	H	O	O	A	M	O	N
A	J	F	G	C	O	B	I	J	V	L	A	L	U	S	K
T	C	S	P	E	O	I	E	I	V	U	L	A	M	I	M
A	R	I	T	F	X	J	T	E	Z	T	Q	N	P	B	S
L	K	P	D	M	K	C	N	I	O	I	D	M	Y	R	C
I	D	D	B	O	A	T	I	A	D	V	X	V	A	L	E
Z	B	A	S	E	E	I	A	Q	X	O	Q	U	G	D	R
A	H	Q	R	D	G	J	L	X	S	J	S	F	M	D	I
D	J	P	B	Q	Q	Y	H	J	G	N	E	Q	P	Q	O
O	C	X	N	U	U	C	J	G	R	R	F	D	L	V	A
R	N	L	J	U	B	U	O	T	G	O	S	X	G	N	D
T	A	O	E	Z	Z	J	K	X	M	J	C	Y	Q	I	D
J	A	P	T	C	C	E	G	Y	J	C	Z	Q	A	F	C
H	H	D	N	X	M	G	S	C	H	S	V	E	J	C	D

Ácido Base Sal
Solvente Solutivo Reactivo
Catalizador

Estado de la Materia

Q	I	E	O	U	M	S	H	I	T	L	H	Y	W	O	P	G
U	X	E	C	H	K	C	R	I	J	U	H	N	S	U	A	Y
B	U	B	S	I	G	O	S	O	E	S	A	G	P	I	N	H
R	R	J	T	U	D	N	D	O	B	I	G	I	U	K	K	O
G	V	T	A	N	P	D	E	I	R	A	Y	E	L	N	Y	Z
K	M	Y	N	I	R	E	N	G	L	K	M	C	N	S	O	B
O	C	M	C	X	H	N	R	Z	V	O	R	S	C	P	G	B
O	C	L	Q	B	B	S	Y	C	Q	L	S	R	A	S	S	K
Q	F	H	D	H	E	A	D	T	R	M	Z	M	J	L	A	Q
C	X	R	E	B	Z	D	L	A	D	I	O	L	O	C	P	E
V	N	L	X	E	N	O	A	R	Q	R	T	A	L	X	B	P
L	Y	M	Y	Q	B	A	M	D	W	S	U	I	I	B	W	Y
O	D	L	O	A	V	S	R	V	W	R	Q	S	C	D	K	P
E	Z	W	V	E	M	H	B	W	M	U	B	C	E	O	A	M
Q	A	B	A	T	Y	H	M	I	I	P	R	F	U	E	V	D
R	P	V	I	B	Q	A	A	D	Y	R	E	M	D	H	N	H
M	I	F	Y	T	D	L	O	L	V	T	I	N	R	Y	S	A

Sólido Líquido Gaseoso
Plasma Condensado Coloidal
Supercrítico

Estructura Atómica

S	E	L	A	T	I	B	R	O	V	T	C	G	B	O	Q	A	R	G	S	B	O	U	V	H
E	N	L	E	D	H	P	T	J	Y	M	I	M	U	N	F	K	C	Q	W	C	D	K	I	R
L	U	P	E	G	Q	L	V	O	N	U	M	T	O	B	A	M	U	G	G	K	J	L	B	W
E	H	N	L	C	V	R	Y	E	I	O	M	R	Q	C	I	R	E	R	L	L	C	N	W	Q
C	L	K	I	Q	T	W	K	L	L	Z	T	I	T	L	V	Q	A	F	K	I	U	V	P	K
T	E	X	J	G	Q	R	A	C	C	U	F	O	H	W	O	V	W	H	P	Z	U	L	Y	S
R	F	S	Z	E	C	A	O	U	E	R	M	F	R	P	K	P	L	Q	V	C	I	K	Q	F
O	V	F	M	U	R	N	F	N	Y	O	E	W	A	P	B	X	H	W	S	I	M	L	X	S
C	G	H	L	K	I	D	T	T	T	A	L	Z	G	C	M	M	T	O	Z	R	L	W	C	Q
O	T	G	J	F	V	W	G	A	H	T	H	O	G	H	L	Q	E	A	J	V	B	X	Z	Y
N	Y	U	M	N	F	P	W	M	A	C	Z	P	D	E	M	S	V	M	P	C	P	Q	I	Q
F	H	B	S	N	C	T	O	Y	J	R	L	W	A	L	Z	R	E	N	C	H	T	J	L	B
I	D	U	E	A	D	X	O	X	U	T	S	V	B	G	U	U	P	D	K	R	I	D	P	W
G	C	Y	X	J	P	P	O	O	E	O	T	E	U	H	R	X	C	F	U	X	J	Y	S	E
U	Z	Z	B	U	F	Q	M	B	D	E	L	Y	Z	D	O	Z	D	C	M	C	Z	K	A	E
R	L	H	P	L	C	G	D	R	L	U	T	H	G	E	H	G	T	H	S	Y	B	W	Z	P
A	M	C	Q	H	T	M	J	S	H	V	N	W	Y	T	H	Q	L	L	H	A	F	I	W	Q
C	F	I	T	N	O	P	W	S	G	B	M	U	Q	M	H	X	J	H	O	Y	J	X	G	K
I	R	S	M	M	C	C	Y	D	V	A	B	B	P	V	Z	V	Q	R	H	W	T	X	D	X
O	S	Q	A	C	C	I	Q	Q	U	O	J	X	O	L	B	C	R	V	Y	T	M	P	N	W
N	I	B	Z	X	T	Q	Q	A	W	C	S	W	I	W	X	A	K	N	S	J	P	I	J	Z
V	Z	H	J	Z	O	G	O	P	C	C	A	X	Q	K	R	H	C	U	F	F	R	P	D	F
M	P	C	V	X	W	T	O	R	Y	H	R	C	B	G	A	X	L	S	C	O	B	R	U	N
U	U	W	O	A	Y	N	F	Y	O	V	R	Q	J	T	B	K	A	L	S	B	O	T	X	F
W	E	V	K	C	G	Z	X	U	L	P	E	C	C	Y	N	K	O	T	B	N	N	R	O	Q

Átomo Electrón Protón
Neutrón Núcleo Orbitales
ElectroConfiguración

PropiedadesElementos

```
P L J C X D B N A L E R O M C I M J Z P R R K
U D M H R Y S B Q Y Z X K T K N S O O U N I M
Z S P P M W I T V L E D T Y Z D F L S N C I O
Z R K N C F D B C D C D Z P U H Z U J T S O J
S Y R S G N O I S U F O T N U P Y N D O O M B
T W D A D I V I T A G E N O R T C E L E S P L
E N J P D O C Y T X V T Q D C T N L L B P S T
M A K P N K D Y V B Q H W X U S Q Y D U V P S
Q L X J B Q J D Y M M T R Q I C G F D L K K A
K K L V Y J N U E D B U C D E I T E B L N R A
M G R W U P R V C Y Y H A G M B F I T I Y A J
W X J X U G R Q G V Y D F C M O N C V C B D G
A H Z S D G N I Z Z P K D A T R R I A I T I E
N C P D O R B I Z P N R N I M Q L Y L O D O X
C A J N W V F Y C I G F F R G Y F N E N Y A C
X D B A Q K B A F B F S W Z B D N X C T D
J R M K R I B B V O D X J Z H Q V F C E U O S
T A R Q D G D R S L A Q D M J F R Y I D S M M
X W F N L I R C X N F Y G J F X R R A P K I D
K U Q I M Q D V B O Z M I T F F R Y N L E C Z
O B U K S R Z X U B M D U D Z Y V S V X D O A
L M C R T Q A K U T L D J Y S L L Q M I E O F
X A W E T L F X Y W B Q L A T D G T M M A T G
```

PuntoFusión **PuntoEbullición** **Densidad**
Conductividad **RadioAtómico** **Electronegatividad**
Valencia

Química Orgánica

```
B D L W S D D Y X P P T O U J Y T L I J
N Q B E P F F H Q M S R T E W C P X W K
S W V E E U U P Y Z U J X T J W S N A Q
C J B Y B N N T W J C M W B N T V F I W
C L A A Y N L D N M E N D J C I I Z O K
H J U L B B X A E P A R O M A T I C O K
H J N A C Z S P C W F R D N A V M M Y S
D W S N B A E A S E E W Y W I E B L V O
P E O O B H N Y E M C J A C U U V Y T Z
W U I I V P R O O N N O H L V R Q G G Q O
N A K C R U D S N V O H V J Q L M L N W
C B T N Y F I B Y N J K W A X U W B A L
W C B U Q B G C Z A B K S J L V E T D Q
O T C F B W W A F Q Z A Q Z D E D N Y B
M Q T O B G A L K D B J R B Y M N X O G
S H Q P N R D H O F G R N N U C L T S V
H F L U M X K P G F D R H F D F X Z E H
Y T M R N B R X A A R C V X I B C Q H J
E W H G D P Q R S M A H E N R A B R H K
B M X M N D B Z Y S H E O F E U U M H B
```

Isómero **EnlaceCovalente** **GrupoFuncional**
Alcano **Alqueno** **Alquino**
Aromático

Ácidos y Bases

```
H R Y S D W B D D C T D E Q Z R
X Z R F I E E A Q S Y O I Q S S
U S I S K J L O S B V C V A V N
W Y I W J T M U R E P I X Y E L
C B T V J O L L Q X D T E C U T
U L E E R F P J W C J E B O N B
F A O T U N H H G G W C B O Q W
Y O I R V S N I L C G A S I A H
T U I E H C K Y R B D W O V L M
H C M U U I U A Q X G O U Q G K
O O M F E T D X O Q K I F X V M
G U Y E N R A R Z I E K X P X Y
F V H S H I H U I Q N H V J H W
T V O A X C C Z H C K R W Q E L
J J A B Z O X P T H O X A J S S
L F X W H M S B S Q K P L S U V
```

Sulfúrico **Clorhídrico** **Acético**
Cítrico **BaseFuerte** **BaseDébil**
pH

Química Inorgánica

```
N O J I X I H L X K Z A E B
B O N A E T U I G O H U F H
C R N C K Z L Z X D L H V Y
S U L F A T O Q Q I F M B J
A R A Y A R K O M X G C V R
G O M J I X B Z X O X K W S
S L T O D I X O R D I H H S
I C S A P E G Q N S V H P D
M B G S R T S E L A S Q N S
F G B C P T O G Z U T X J V
T Y H X S K I T K E M O W U
T G W K C F A N M G W Q I A
P T K Y J F F V I V V J H C
I H A J K G Q P S Z V O N Q
```

Sales **Óxido** **Hidróxido**
Carbonato **Sulfato** **Cloruro**
Nitrato

Química Analítica

Z	T	K	C	X	T	F	M	P	M	K	U	D	Y	L	T	U	T	N
R	C	N	U	M	G	B	J	I	M	H	D	G	G	W	W	Z	E	M
S	P	I	W	E	G	C	I	M	O	H	E	X	Q	O	J	M	S	V
T	I	D	C	V	S	B	P	Q	N	H	Z	R	A	N	E	L	P	B
T	P	S	K	A	A	P	U	O	Y	T	Y	A	O	V	Y	N	E	G
O	O	T	E	Y	I	K	E	D	H	R	J	I	R	N	C	U	C	D
Q	D	W	B	R	K	G	Q	C	Q	N	C	G	H	O	R	V	T	D
U	H	Z	W	L	O	Z	O	Z	T	A	M	H	G	J	O	H	R	J
Q	T	X	B	F	F	F	Q	V	L	R	F	N	T	I	M	T	O	O
R	K	M	L	A	V	W	O	U	O	D	O	Q	I	D	A	F	S	F
G	R	A	V	I	M	E	T	R	I	A	X	M	C	K	T	J	C	P
F	T	J	A	O	B	I	B	D	T	W	B	B	E	M	O	F	O	A
B	M	L	M	S	T	W	E	R	Q	C	S	O	F	T	G	Y	P	U
W	P	M	Q	M	I	X	N	U	N	C	E	Y	T	P	R	G	I	P
B	Q	I	Q	V	A	I	R	T	E	M	U	L	O	V	A	I	A	F
V	C	J	A	S	G	M	G	C	A	D	L	R	E	A	F	A	A	S
Y	K	H	J	P	H	G	L	Q	A	A	A	C	H	I	I	C	O	S
W	A	P	U	B	L	R	C	M	A	H	B	G	B	T	A	R	C	R
W	C	J	V	O	B	Y	X	L	Y	P	N	B	X	M	R	B	X	E

Titulación **Espectroscopía** **Cromatografía**
Electroforesis **Gravimetría** **Volumetría**
Espectrometría

Termodinámica

X	G	S	U	P	W	L	W	F	Y	O	A	Q	E	J	Z	C	W	N	U	F
I	F	M	E	C	R	L	X	X	P	P	N	A	X	S	G	M	S	S	N	F
O	K	L	R	G	L	C	H	E	R	E	L	W	W	M	J	O	X	R	E	P
W	X	J	I	G	U	R	C	Q	I	X	G	I	T	R	T	T	U	Q	O	P
M	E	W	Q	W	E	N	R	N	M	Y	G	G	W	M	B	U	Y	Z	F	B
A	C	N	Y	F	H	Y	D	G	E	U	E	E	S	Z	G	A	W	P	G	K
A	K	Q	T	E	H	S	Y	O	R	K	N	V	L	E	Y	C	E	R	O	O
Y	J	E	J	A	G	D	I	K	P	E	D	G	G	Y	J	F	A	I	A	T
W	T	N	K	D	L	W	V	O	R	R	U	Z	V	H	S	C	P	Q	B	I
J	X	T	I	S	W	P	T	G	I	Y	I	W	V	O	E	I	A	V	B	Y
B	N	R	U	C	V	C	I	H	N	T	R	N	J	S	C	Z	U	P	H	U
V	R	O	X	N	I	A	P	A	C	Z	B	I	C	N	O	P	D	M	L	L
P	J	P	W	G	L	Z	Z	Q	I	O	J	B	I	I	U	B	G	D	I	G
I	P	I	I	I	A	X	D	V	P	T	K	R	S	R	P	S	J	O	O	N
Z	U	A	B	D	E	G	T	K	I	F	P	F	Q	Y	G	I	D	A	Z	Q
A	L	R	F	E	O	R	J	Z	O	R	C	C	E	P	T	E	O	C	W	T
P	E	X	F	K	F	J	H	A	E	E	R	A	U	G	Y	C	E	W	Z	W
V	J	R	Z	Q	M	N	W	C	E	C	A	B	C	A	M	M	B	T	F	P
Q	C	A	Y	I	Y	O	R	X	S	X	E	L	E	J	Z	X	B	L	S	H
Q	F	I	Y	W	P	E	Z	O	O	A	Z	H	I	Q	A	X	U	K	O	D
L	I	L	O	X	T	V	J	G	H	W	I	I	Y	R	L	W	N	K	Q	N

Entalpía **Entropía** **EnergíaLibre**
LeyCero **PrimerPrincipio** **SegundoPrincipio**
TercerPrincipio

Química Cuántica

V	I	O	N	O	S	C	L	N	A	V	T	B	Z	R	T	J	D	R	E	L	X	J
C	H	M	H	O	Z	T	B	K	R	F	D	V	P	H	M	A	A	A	I	R	U	A
B	E	O	Z	J	I	F	A	G	E	H	X	X	T	H	Z	S	R	V	P	A	A	J
R	M	D	T	P	S	S	Y	A	L	U	C	I	T	R	A	P	A	D	N	O	S	I
X	M	E	S	X	A	T	U	B	M	J	L	Q	Y	D	V	E	M	F	K	O	H	Q
S	Q	L	G	C	D	K	I	L	B	P	H	N	T	X	Q	M	O	M	U	Z	H	E
F	E	O	U	F	Y	N	Q	M	C	D	S	W	I	C	H	E	M	F	N	C	H	Z
R	E	A	X	U	H	K	V	S	T	X	T	I	R	Y	U	C	I	X	W	R	U	X
A	R	T	E	Z	N	D	A	Y	H	J	E	M	Z	C	B	A	M	N	B	O	T	C
K	D	O	H	P	H	E	P	E	Z	Q	C	O	Q	B	X	N	I	P	S	E	S	C
D	J	M	D	G	J	R	F	P	Y	F	U	I	C	G	I	Z	N	K	E	F	N
C	O	I	C	S	P	P	N	S	S	W	Z	A	C	P	V	C	L	M	W	U	R	N
A	X	C	F	D	R	D	S	G	E	L	M	P	M	V	I	A	U	W	V	R	C	M
J	G	O	A	I	X	B	X	P	I	A	S	U	O	S	G	C	U	L	O	A	W	V
Q	E	S	O	C	I	T	N	A	U	C	S	O	R	E	M	U	N	C	F	W	E	U
I	H	U	L	R	F	I	F	N	X	E	S	Y	O	I	T	A	Z	I	S	B	E	U
M	S	T	I	W	Z	P	B	B	V	V	X	Q	S	R	J	N	T	Z	R	B	O	P
H	L	D	I	A	D	J	R	X	Z	O	R	Z	T	D	B	T	C	G	Z	P	U	O
Y	E	W	D	W	V	T	A	Y	M	M	J	V	B	H	K	I	O	B	U	A	M	E
A	M	K	C	I	B	I	R	I	R	W	L	U	I	W	P	C	T	V	F	T	T	R
B	H	U	K	M	D	N	N	M	Y	W	R	K	N	Z	E	A	A	O	W	C	H
B	V	N	C	N	N	H	J	M	A	L	O	L	T	P	D	T	B	R	L	B	N	I
Z	G	K	C	A	J	R	U	L	K	T	U	I	Z	M	J	M	L	L	H	U	V	Y

Orbital **Espín** **MecánicaCuántica**
PrincipioExclusión **NúmerosCuánticos** **OndaPartícula**
ModeloAtómico

Química Nuclear

Q	P	J	R	A	D	I	A	C	I	O	N	A	L	F	A	L	A
G	L	S	S	C	B	Q	W	W	E	Y	S	A	B	Y	R	R	F
R	A	D	I	A	C	I	O	N	B	E	T	A	U	R	A	Y	B
L	F	B	D	K	Z	N	R	L	K	R	I	P	M	D	E	G	Y
K	X	K	B	U	R	X	T	Q	K	N	E	D	I	F	L	Z	L
J	O	I	B	U	O	H	W	L	Y	E	O	A	N	M	C	W	B
V	U	B	R	L	N	U	K	J	B	U	C	H	C	T	U	L	S
D	V	L	I	X	Z	K	C	W	Q	T	Q	J	E	N	N	A	A
T	P	N	Z	R	P	W	Y	W	I	R	G	P	K	K	N	B	P
O	M	W	F	K	J	X	A	V	T	O	Q	W	T	U	O	U	D
X	O	P	O	T	O	S	I	O	S	N	A	X	E	W	I	M	K
W	W	S	C	P	I	D	P	P	J	I	V	W	K	H	S	N	S
I	Y	Y	V	H	A	M	Y	A	W	B	D	Q	A	X	I	I	L
S	T	T	I	D	S	A	G	N	E	R	N	K	U	W	F	H	B
E	R	W	U	P	A	D	Q	B	A	J	M	B	Z	H	U	Y	G
O	F	U	Z	S	X	V	N	R	Z	D	P	P	J	C	F	P	F
Z	J	L	R	Q	M	V	I	D	T	Z	Y	U	Z	E	C	W	D
I	W	R	A	E	L	C	U	N	N	O	I	S	U	F	S	C	Q

Radiactividad **Isótopo** **FisiónNuclear**
FusiónNuclear **Neutrón** **RadiaciónAlfa**
RadiaciónBeta

Química Ambiental

A	I	R	W	O	S	M	T	S	W	E	H	Y	I	B	V	S	V	G	N	O	R
Y	B	K	N	L	E	G	O	Z	Q	G	Q	E	H	V	W	J	T	Y	D	D	N
V	L	G	W	T	Y	A	U	S	Z	R	L	K	K	D	A	Z	M	K	C	T	N
L	N	D	W	W	V	C	W	D	J	L	Q	B	H	N	A	S	E	O	O	M	O
G	Y	D	C	P	I	V	J	Z	U	Y	C	O	V	X	O	F	R	C	N	V	F
X	B	I	J	X	C	I	D	V	F	Y	N	D	U	E	M	E	K	G	O	N	
S	T	A	W	C	U	S	I	Z	Z	F	C	Z	C	C	Z	M	H	M	T	Q	Y
M	G	Q	G	O	O	A	F	W	J	B	Z	E	T	H	Q	S	K	R	G	J	O
H	N	D	Y	N	A	Y	P	C	E	S	D	O	Z	R	E	I	K	W	Y	L	L
X	O	H	S	C	U	G	F	U	M	Z	I	Z	P	E	J	P	N	Q	X	L	I
H	I	I	I	O	E	N	Y	M	C	N	N	W	S	W	Y	R	V	I	N	Q	K
V	C	D	N	U	M	K	Q	I	V	P	G	T	Z	F	P	W	P	F	G	T	X
M	A	F	H	H	M	M	I	E	W	R	G	R	D	Q	I	X	D	O	F	Y	Z
Y	D	G	I	M	Y	O	R	E	Z	A	E	C	A	J	Q	S	W	V	T	P	D
Z	A	V	D	G	Z	N	E	A	X	D	I	P	A	N	R	Z	G	K	C	X	V
R	R	D	F	O	A	O	N	O	B	R	A	C	O	L	C	I	C	W	X	M	Z
Y	G	N	N	D	W	D	V	S	U	U	T	J	O	S	P	T	S	Y	F	E	A
U	E	O	E	H	C	N	D	P	C	C	A	U	O	Q	Z	Y	H	A	Z	S	I
Y	D	R	J	X	X	H	H	X	X	K	V	V	Q	M	I	S	R	R	F	G	S
X	O	C	I	X	O	T	O	U	D	I	S	E	R	F	I	T	O	I	S	O	C
L	I	X	X	T	C	O	N	T	A	M	I	N	A	N	T	E	J	A	Q	Y	F
I	B	C	W	I	F	I	E	X	E	F	M	W	M	P	E	X	E	L	H	J	K

Contaminante **Biodegradación** **CicloCarbono**
EfectoInvernadero **LluviaÁcida** **Ozono**
ResiduoTóxico

Química de Polímeros

M	I	D	N	L	L	N	S	Y	R	X	E	A	O	C	P	G	V
N	M	G	S	H	F	Z	V	N	P	D	Q	Y	Y	U	S	K	
O	Q	Y	E	L	V	Y	G	C	Z	G	C	K	E	L	X	A	F
L	J	J	B	Z	J	B	M	B	R	L	S	Y	S	J	V	L	Y
F	S	O	N	E	L	I	T	E	I	L	O	P	V	C	Y	L	S
I	P	I	D	K	Y	O	Z	H	L	C	Z	K	A	R	P	O	J
Q	V	D	H	T	H	D	M	U	W	E	P	J	A	O	E	N	K
U	S	X	I	E	G	E	G	Q	Q	H	A	K	L	S	Q	E	D
M	R	O	M	M	C	G	O	G	Q	N	O	I	Z	G	J	R	A
S	I	B	F	Z	O	R	T	R	G	I	P	I	J	N	Z	I	E
G	R	U	B	O	P	A	D	L	E	R	J	Z	X	S	V	T	R
G	D	C	K	X	O	D	V	G	O	M	W	T	V	G	A	S	B
D	O	N	P	G	L	A	R	P	W	M	O	H	R	C	R	E	A
U	S	R	F	Z	I	B	I	U	Q	E	H	N	H	A	V	I	W
O	X	I	E	A	M	L	P	E	H	S	V	P	O	I	L	L	C
R	I	Q	J	X	E	E	S	R	A	Z	U	O	R	M	G	O	Y
X	D	O	I	N	R	W	Y	A	J	S	A	Z	W	O	X	P	M
G	I	G	O	U	O	J	Q	V	H	G	C	H	N	N	L	M	U

Polietileno **Polipropileno** **PVC**
Poliestireno **Biodegradable** **Copolímero**
Monómero

Química. Alimentos

M	C	X	I	E	T	X	V	S	H	G	R	J	Y	Z	X	G
V	V	R	I	U	L	S	J	E	F	Q	I	Q	E	D	U	W
L	W	M	C	D	B	R	M	P	V	U	U	B	I	F	J	N
I	O	O	W	O	W	S	B	E	M	R	J	A	V	Z	I	B
U	P	K	T	B	E	G	O	Q	J	N	U	J	C	H	U	E
V	U	R	E	A	P	L	D	U	L	Y	T	K	D	P	I	T
S	Y	G	A	H	R	I	I	A	R	V	F	C	M	O	A	W
R	Y	Y	N	W	O	D	P	S	I	T	Q	O	N	B	K	Z
E	F	Q	Z	V	T	J	I	A	E	C	Y	N	G	H	F	G
K	O	W	K	O	E	M	L	H	G	L	S	S	W	H	A	O
B	J	G	A	D	I	T	I	V	O	F	A	E	O	S	R	X
W	A	C	M	T	N	G	L	Z	H	B	D	R	K	I	W	I
K	G	H	C	T	A	E	T	B	M	Q	R	V	E	A	V	G
N	B	B	P	U	V	I	T	A	M	I	N	A	S	N	X	M
Z	A	Q	S	W	A	Y	K	K	E	X	O	N	C	M	I	T
T	W	R	F	D	P	I	J	I	V	Z	B	T	K	D	V	M
N	D	O	J	E	Y	K	T	W	M	O	B	E	Q	J	H	I

Carbohidrato **Proteína** **Lípido**
Vitaminas **Minerales** **Aditivo**
Conservante

Química Farmacéutica

H	U	O	O	O	T	T	M	U	W	A	E	G	T	I	O	D	D	I
P	J	W	K	T	E	E	E	H	C	H	I	N	U	M	U	Y	S	T	O
G	Q	V	J	H	V	L	V	F	R	Z	D	Y	D	S	M	U	A	G	U
F	R	U	F	F	R	R	E	E	A	S	T	D	N	B	Z	B	G	M	W
L	A	C	D	C	B	P	V	S	F	R	W	D	Q	E	C	H	E	N	Q
H	U	R	B	O	N	C	M	M	F	Z	M	M	E	A	O	L	T	O	N
D	H	U	M	M	S	A	P	U	L	Y	E	A	B	A	W	U	X	S	B
B	R	W	F	A	Y	I	W	R	Y	Q	P	X	C	W	P	R	V	E	G
B	L	T	M	T	C	G	F	Z	Y	K	X	O	A	O	O	X	Q	P	D
V	W	D	K	D	H	O	R	I	N	H	N	K	L	T	A	T	X	Z	N
H	S	H	C	J	T	L	C	W	C	U	Z	I	P	Z	S	V	I	B	Q
B	D	U	E	J	F	O	I	I	G	A	J	E	I	A	C	Z	I	E	R
R	Y	H	Z	Z	Z	N	W	K	N	E	C	Q	Y	C	J	X	I	N	U
T	J	U	B	I	X	C	E	C	R	E	N	I	F	D	C	J	I	I	H
T	T	P	X	L	P	E	F	F	R	K	T	E	O	I	J	I	E	U	L
P	G	W	C	A	Q	T	R	Q	W	M	K	I	R	N	P	Q	A	H	Q
O	L	S	A	P	J	O	Y	B	F	A	C	A	C	I	L	Y	H	C	X
R	I	Q	X	V	C	I	F	B	O	T	N	E	M	A	C	I	D	E	M
O	J	C	H	W	U	B	U	L	I	W	G	E	D	I	R	O	Y	G	Q
M	D	V	C	N	W	W	D	L	J	N	M	B	X	E	O	J	T	O	Q

Medicamento **Fármaco** **Biotecnología**
Genérico **Dosificación** **Receptor**
Farmacocinética

Química Superficies

K	Z	W	P	I	R	O	T	O	G	Z	U	B	D	F	T	V	B	T	D	Z	M	A	F	Y
N	E	G	Z	W	M	H	D	R	O	I	U	Y	N	M	W	G	G	K	L	D	L	B	V	Z
V	Y	U	C	T	H	Q	V	A	Q	W	Q	D	R	B	S	I	A	M	N	B	K	K	O	X
F	Y	W	L	Z	T	D	G	F	X	W	G	H	X	G	H	X	G	T	W	L	R	N	Z	C
M	W	Z	D	A	E	H	R	W	Q	Y	R	I	D	Z	Q	Z	A	H	G	Y	E	H	H	Q
M	I	P	N	V	N	A	W	C	T	P	B	I	M	S	H	R	S	T	M	V	T	K	F	X
E	E	X	Z	Q	S	N	H	M	B	R	Y	C	H	J	I	Y	E	I	A	I	F	S	S	L
P	R	D	B	J	I	I	U	U	Y	X	C	F	J	F	S	Q	S	C	N	K	T	N	H	U
C	N	N	U	N	O	I	C	R	O	S	D	A	L	E	V	D	X	O	T	F	Y	F	I	Y
Q	X	I	B	A	N	Z	D	R	C	B	Q	K	D	L	P	D	T	K	W	V	X	Y	F	C
D	X	L	T	D	S	L	A	A	J	Y	Q	Z	H	J	S	W	H	X	V	K	D	Z	A	Y
Y	B	X	C	P	U	W	P	O	S	G	L	I	D	B	H	H	F	Q	V	H	K	D	S	E
D	Q	C	D	N	P	X	T	R	G	V	D	T	S	E	K	T	W	J	F	C	W	I	N	O
K	G	L	T	W	E	J	R	D	G	R	Z	X	C	R	C	W	C	V	H	Y	M	O	T	L
A	F	L	Y	R	R	M	A	B	O	Y	U	O	N	N	Q	A	G	U	I	Y	I	Y	B	K
L	R	K	F	A	F	L	V	F	I	K	X	T	Y	B	G	B	M	F	R	G	C	G	O	R
E	P	V	G	K	I	W	O	A	B	X	J	W	Z	M	I	V	X	R	R	V	A	N	Z	N
A	K	C	A	P	C	B	A	H	D	V	U	N	K	D	J	S	C	O	E	E	W	U	Z	X
R	E	O	I	X	I	P	D	U	X	N	F	F	E	R	C	H	S	M	U	T	Z	S	G	S
E	S	Z	R	C	A	T	A	L	I	S	I	S	H	E	T	E	R	O	G	E	N	E	A	O
C	A	U	I	C	L	L	J	R	R	D	R	S	H	E	D	J	H	H	A	K	J	I	X	U
F	O	D	O	L	N	H	Z	D	Y	Q	D	T	I	X	P	C	S	I	S	V	U	L	Q	D
J	A	N	B	V	Q	K	T	Z	F	Y	N	H	Q	G	Y	W	S	M	T	Q	Z	B	O	A
D	O	Z	V	N	D	K	E	K	B	D	P	B	L	B	P	Q	K	Q	J	I	W	R	W	D
M	X	G	G	R	H	T	P	D	H	A	Z	B	F	U	I	G	V	G	L	U	Q	O	S	L

Adsorción **Desorción** **Interface**
TensiónSuperficial **Monocapa** **Hidrofobicidad**
CatálisisHeterogénea

Química Coordinación

U	I	H	N	M	F	U	T	V	J	Z	X	W	Z	H	N	L	R	A	Z
Z	W	S	O	I	W	X	H	M	K	M	K	H	W	F	N	J	N	V	Q
B	C	P	R	T	K	W	V	Q	I	Y	B	D	U	S	G	C	U	B	H
A	B	Z	D	X	A	C	C	Y	L	K	X	G	M	U	C	M	M	D	H
B	U	M	E	T	A	L	T	R	A	N	S	I	C	I	O	N	E	K	S
L	L	V	A	S	I	I	E	Y	M	C	L	P	V	N	M	U	R	F	O
O	V	X	T	H	W	Z	R	U	D	S	P	N	J	L	P	N	O	P	Q
F	O	L	C	S	E	Q	A	E	Q	W	T	D	B	P	L	I	D	Z	X
B	H	F	O	C	C	S	E	W	M	P	P	M	S	L	E	L	N	R	K
D	V	H	S	V	G	K	I	D	T	O	K	H	O	B	J	C	A	N	B
X	L	F	X	Q	P	K	P	Q	R	M	S	H	E	O	O	L	G	W	I
F	T	V	B	D	K	M	A	G	D	E	D	I	T	I	T	T	I	M	G
E	Z	N	J	D	N	X	X	V	R	D	Y	R	Z	M	R	V	L	B	B
R	H	C	I	V	Z	U	K	G	D	T	Z	F	Y	N	M	Q	W	V	Z
O	S	D	R	C	R	U	T	M	I	K	Z	U	D	S	O	T	V	U	L
E	P	X	X	N	V	P	U	N	M	T	S	N	R	Y	Y	V	Y	T	Q
W	V	S	J	T	P	D	Y	D	Q	T	G	H	L	R	N	T	H	I	N
G	S	S	R	O	B	B	C	L	J	H	T	V	J	S	Z	J	Y	K	X
H	A	W	V	M	A	L	C	S	V	F	B	G	K	O	U	G	X	V	Y
Q	D	O	N	G	C	V	I	E	Y	O	P	N	X	M	O	B	Q	N	B

Complejo **Ligando** **Isomería**
Octaedro **Quelato** **MetalTransición**
Número

Q. Supramolecular

Z	O	K	G	D	L	K	Y	E	T	D	Z	I	S	N	O	D	V	M	M	P
Q	W	B	V	J	I	N	A	B	O	W	P	U	E	O	Y	Q	S	F	A	C
A	X	E	D	T	U	G	X	N	Y	J	I	B	N	T	D	G	F	W	O	J
B	F	V	N	L	X	L	E	C	E	U	P	G	L	P	V	R	G	Q	K	U
M	V	H	X	F	M	V	D	J	W	R	A	T	P	B	B	L	F	V	C	E
H	F	V	E	W	F	G	E	V	A	B	X	O	R	R	M	O	E	Q	F	S
F	V	W	L	U	R	N	R	R	V	L	Q	P	R	O	Z	D	T	D	O	Z
J	U	N	O	A	X	Y	S	Z	Q	H	B	C	Y	N	V	L	U	L	P	M
B	F	A	B	W	Y	L	C	U	A	D	I	M	B	V	M	Y	R	O	Z	T
X	I	N	U	Z	P	V	R	F	P	F	F	I	A	D	S	Z	F	H	T	A
G	V	O	T	Q	W	V	M	K	T	R	V	R	S	S	N	D	V	Z	K	S
A	U	T	O	O	R	G	A	N	I	Z	A	C	I	O	N	X	F	W	I	L
D	D	E	N	X	Q	P	C	A	B	W	P	M	Q	Q	Y	E	A	V	X	O
N	W	C	A	P	M	Z	R	M	U	N	D	H	O	C	U	F	O	W	B	X
J	O	N	N	N	L	L	O	Z	Y	P	X	D	C	L	H	E	U	T	X	I
B	F	O	M	S	M	Q	C	B	W	R	G	G	L	G	E	G	Z	N	U	K
X	P	L	R	I	U	H	I	R	E	S	Z	X	D	O	N	C	O	B	O	A
E	C	O	F	D	G	O	C	F	R	P	O	L	Z	Z	W	P	U	W	N	V
Q	T	G	C	G	Y	Z	L	L	J	A	D	R	K	J	E	H	P	L	K	T
P	D	I	E	D	I	H	O	S	T	G	U	E	S	T	R	J	L	P	A	C
G	E	A	Z	X	P	T	F	S	R	P	H	T	C	J	E	J	V	T	U	R

Autoensamblaje **Nanotubo** **Autoorganización**
Macrociclo **HostGuest** **Nanotecnología**
Supramolecular

Grafeno: Propiedades

F	F	Q	N	L	I	M	A	U	F	B	F	C	L	V	X	G	P	O	Y	S	P	S	J
E	Y	C	K	Y	Z	Z	P	F	B	S	S	W	N	A	Y	U	B	Y	E	J	T	E	V
S	W	D	X	U	G	R	S	M	W	L	P	N	A	L	D	F	G	I	O	L	N	H	A
K	A	G	M	T	Y	P	N	X	J	D	O	L	S	K	T	H	Q	V	O	D	U	Y	Y
C	A	A	U	T	B	V	I	C	C	X	Q	M	F	X	L	U	O	U	I	F	J	X	R
A	U	J	C	E	O	R	E	G	I	L	C	V	T	S	X	J	J	V	F	B	Y	Y	I
O	Q	P	O	I	S	T	J	B	B	V	Z	T	R	G	P	V	J	U	B	P	K	L	R
S	A	S	N	Z	R	E	T	S	D	Q	P	E	A	I	A	W	J	P	V	A	S	P	W
T	B	W	D	E	U	T	N	P	A	S	P	T	O	U	U	Z	X	C	C	N	S	T	Y
U	U	O	U	A	A	T	C	O	D	A	B	E	X	J	U	Y	S	Z	U	V	A	H	W
J	N	F	C	E	C	O	D	E	I	B	D	E	P	L	J	S	C	X	V	X	W	N	G
D	V	X	C	P	K	L	Y	O	L	C	Z	A	J	N	V	J	C	Q	J	G	S	Z	D
Z	A	J	I	Z	H	Y	E	D	I	E	A	I	Q	B	Q	B	B	L	I	X	T	L	O
N	Q	I	O	S	N	C	R	O	B	J	N	C	G	K	S	P	B	R	E	H	S	U	I
F	V	R	N	U	G	M	C	H	I	U	Q	O	I	R	P	R	Y	I	J	G	R	M	Y
V	J	A	T	V	L	H	O	W	X	L	Y	J	I	L	G	Z	U	S	A	M	T	R	Y
G	V	T	E	D	C	Y	X	U	E	E	B	F	G	C	P	Q	M	O	P	R	K	S	Z
I	Z	N	R	F	Z	M	D	U	L	P	T	Z	Q	B	C	A	J	V	Y	N	W	L	W
B	D	O	M	F	W	R	Q	A	F	B	C	S	S	S	C	S	U	I	Q	U	O	X	J	L
G	I	T	I	J	N	H	D	L	V	X	S	K	N	G	H	Q	D	T	A	Y	J	S	N
V	X	O	C	X	H	R	M	A	A	I	C	N	E	R	A	P	S	N	A	R	T	P	A
J	H	I	A	N	M	S	I	B	I	W	B	D	N	J	P	X	X	N	O	Y	E	Z	B
O	K	X	L	N	F	H	A	R	O	T	Y	W	Y	U	Y	A	O	V	I	C	E	F	S
K	B	I	R	J	C	D	U	F	Y	B	G	F	S	W	E	A	P	W	N	I	F	B	K

ConducciónEléctrica **ConducciónTérmica** **Fuerte**
Ligero **Flexibilidad** **Transparencia**
Aplicaciones

Bioquímica

R	C	Q	J	S	W	F	I	C	J	K	J	S	I	B	Z	O
L	O	F	U	S	I	Q	S	V	A	G	B	B	O	M	N	L
E	C	T	B	V	R	S	X	V	Q	F	S	T	E	O	Q	H
Z	A	U	D	C	N	S	I	R	K	P	X	P	I	Z	F	U
Y	Q	U	M	Z	O	F	V	L	T	F	W	C	S	D	O	W
W	Y	B	P	Q	T	E	S	D	O	Y	A	O	U	O	T	L
L	B	I	N	G	W	A	M	B	Q	C	D	P	N	R	O	O
B	R	E	N	Z	I	M	A	I	I	R	U	C	K	K	S	A
S	M	W	Y	R	S	H	K	L	A	A	A	L	D	L	I	A
J	E	M	A	W	J	X	P	R	D	W	V	X	G	C	N	Y
C	V	P	R	O	T	E	I	N	A	Q	B	W	L	C	T	F
I	F	N	P	N	R	A	V	E	F	S	Q	C	F	U	E	F
E	V	Y	K	D	P	B	B	D	P	X	V	O	F	K	S	J
G	V	A	K	X	N	E	C	N	G	P	X	Y	M	Q	I	D
X	E	V	K	Q	I	K	O	E	U	Z	R	V	Z	H	S	Z
W	P	I	T	W	Z	M	W	D	J	R	W	W	P	L	D	L
M	R	Z	N	G	F	A	P	B	Z	S	I	I	E	P	F	E

ADN	ARN	Proteína
Enzima	Fotosíntesis	Glucólisis
Replicación		

Química Verde

A	U	I	C	X	N	Q	E	L	T	Q	O	C	K	B	A	X	C	O	I	K	P	L
L	I	G	M	D	C	D	U	S	F	E	Z	B	E	I	C	V	P	B	F	Y	E	Z
Y	L	R	H	M	Y	E	K	X	G	Z	S	I	D	N	G	Z	U	Z	E	C	Z	U
B	U	R	E	P	L	B	C	U	R	I	M	R	O	S	S	F	A	L	V	Z	I	W
D	T	Q	U	N	X	S	V	O	S	L	D	H	H	O	W	L	B	F	O	B	H	R
T	P	X	J	J	I	E	J	I	E	Q	X	Y	L	Q	I	B	J	A	W	K	G	
D	J	Z	I	F	R	L	Q	M	F	G	R	D	V	N	X	P	D	Y	Z	V	Z	
G	E	A	N	M	R	A	E	B	G	O	I	N	X	E	W	C	V	P	Q	T	L	E
V	A	R	U	E	T	I	I	R	A	O	G	C	T	N	V	L	W	N	A	U	W	S
D	W	G	D	A	J	S	S	H	R	V	F	S	I	T	D	B	M	S	H	C	Q	M
K	B	E	C	X	G	H	W	H	I	O	O	G	G	E	Y	S	O	F	F	Q	N	E
C	M	O	R	J	L	C	L	F	E	S	I	N	S	V	N	Q	D	K	J	Y	Z	O
O	I	V	V	J	W	D	T	R	S	P	J	B	E	E	H	T	N	T	E	R	M	Q
B	Z	B	A	Q	B	O	B	I	J	U	R	A	V	R	M	Q	E	H	I	M	X	R
E	K	Q	G	H	K	M	S	R	O	Q	J	Z	S	D	A	Y	G	G	U	Q	K	H
N	E	R	C	O	C	E	V	C	J	T	O	F	F	E	M	I	L	B	G	B	A	R
H	A	M	M	R	T	C	Q	J	Q	D	Y	I	D	P	H	B	G	B	D	E	Z	X
O	N	G	I	N	E	B	O	V	I	T	C	A	E	R	I	E	D	R	P	P	L	L
O	P	V	I	H	Y	J	P	V	O	F	C	X	E	V	O	S	A	B	E	G	E	X
L	V	S	G	I	K	D	B	C	E	I	N	X	S	H	O	A	P	W	J	N	D	J
Q	E	F	P	E	F	U	B	V	M	V	J	W	P	L	W	J	R	C	I	E	G	
N	T	R	F	H	X	K	R	Y	Q	W	P	W	D	Y	X	H	Q	P	V	T	X	E
J	D	J	G	C	Z	H	P	Y	R	R	B	E	A	V	R	J	A	B	P	H	M	T

SíntesisSostenible	Biocatálisis	SolventeVerde
ReactivoBenigno	Biorrefinería	EnergíaRenovable
Ecoeficiente		

Química Forense

S	L	I	A	H	D	B	E	N	A	E	I	Q	P	D	X	I	Q	C
P	F	U	F	C	B	U	D	Y	M	X	H	F	F	P	S	W	W	O
V	K	L	F	O	I	S	U	S	L	B	K	B	E	X	P	Q	C	R
J	B	O	C	R	O	M	A	T	O	G	R	A	F	I	A	I	P	T
F	O	I	H	T	O	X	I	C	O	L	O	G	I	A	M	S	N	I
E	S	A	D	B	X	S	S	U	P	E	U	W	A	I	A	F	I	D
H	K	P	I	N	L	D	H	G	Q	B	J	Q	U	R	Q	D	S	E
A	D	X	E	U	C	S	L	B	X	A	B	Q	B	K	B	L	L	O
S	H	S	I	C	X	O	N	G	K	K	L	I	P	Y	U	L	U	R
K	J	B	H	A	T	U	E	O	P	I	F	L	W	B	O	G	C	Z
Z	Z	V	Q	M	R	R	G	N	F	S	O	X	E	M	B	J	L	W
F	S	X	G	M	Z	D	O	R	I	Z	T	I	D	U	S	W	S	Y
D	A	H	R	F	C	M	E	S	D	X	U	W	N	Z	H	T	J	G
F	E	H	F	F	G	P	I	X	C	K	J	N	U	I	S	N	A	P
H	K	A	L	T	N	L	C	H	D	O	M	V	U	R	Q	S	A	H
H	A	W	D	B	A	R	F	X	G	O	P	F	P	L	U	M	T	E
S	Z	Q	J	N	J	T	H	H	N	Y	A	I	Q	J	G	S	B	G
G	U	O	A	B	O	T	K	I	G	L	L	X	A	M	M	A	T	Z
M	Z	P	X	E	Y	Q	B	Y	L	Z	D	R	M	S	F	X	S	D

Espectroscopía	Cromatografía	HuellaQuímica
ADN	Toxicología	AnálisisFibras
PerfilQuímico		

Química Medicinal

B	I	B	N	X	Z	E	T	C	Q	J	P	B	C	B	U	H	S	L	Z
J	N	F	Q	R	Y	Y	N	Y	U	K	B	P	U	I	M	L	R	W	O
J	A	O	W	L	N	T	U	U	I	K	W	A	H	E	H	R	Q	F	L
U	K	P	Y	G	N	J	T	R	M	O	Y	J	T	P	S	I	G	P	W
C	J	P	W	S	C	F	I	M	I	P	E	F	W	P	G	S	Y	M	G
E	B	G	I	O	N	N	L	X	O	H	T	X	K	B	E	S	U	I	P
O	I	Y	Y	T	H	R	H	F	T	O	I	L	D	Z	N	E	X	P	X
J	O	I	H	N	E	F	U	G	E	Z	T	S	Z	Y	I	A	B	B	M
N	E	S	O	E	H	R	F	A	R	M	A	C	O	O	L	H	K	T	R
Q	N	G	F	I	D	Y	A	M	A	X	G	G	F	P	V	E	K	I	N
Q	S	G	T	M	O	C	V	P	P	K	H	H	T	H	R	P	D	A	D
L	A	G	T	I	Q	B	L	P	I	E	V	D	T	P	W	S	A	K	M
P	Y	W	Z	R	O	W	L	A	A	A	X	B	T	G	L	P	D	K	X
J	O	K	O	B	S	T	U	E	V	H	G	A	Z	Q	W	Z	N	Y	G
N	Z	H	R	U	L	B	E	G	C	B	M	E	T	R	G	E	W	B	G
E	E	F	J	C	Y	D	E	N	G	P	F	H	N	D	N	B	B	R	K
R	F	P	S	S	Y	J	W	I	Q	N	I	A	C	I	J	N	J	B	N
K	X	S	D	E	J	U	N	S	B	H	P	Z	W	Y	C	C	E	Q	K
W	V	X	J	D	C	O	A	E	A	T	Q	U	C	W	X	A	E	I	S
A	L	H	Y	Q	O	R	O	F	O	C	A	M	R	A	F	F	H	G	A

Fármaco	Descubrimientos	Bioensayo
QSAR	Farmacóforo	TerapiaGénica
Quimioterapia		

Q.Organometálica

```
P O L K D O C J T M N X T I H A A D D V X X V
V B B N N J L S X U V E C H D G Z J Y J L E N
S C A F M L G A C O M P U E S T O S Q S H O K
H V E Y E X J U G B B M M C A F D Z W A D T W
Q T N G P E N D F A V L U T Y F U B D W Z B X
L K E H L O H L Z U R Y F V Q Y G B M V G P C
Y K G L R N Y O A T O Z U I T Y R Y S R K X V
Y Z O Q W E O B V O E I G T I O M Z L Y G W N
P O M P C C Q Q A G T W W W M I P V A P S Q W
O P O M T O D J K B O Q J H Q G Z A M R E C F
P Y H M Y L R P M E E O U T Q V D C J A X C Y
K L S H E A P K N X E V U V I X T E X Z Q U H
G N I B Z T X V R F W P B G B I Y V X R L P R
D U S M V E A I X U R E L L U B Y L I J J W X
W K I P K M I L J O Q I Y R J X A A U T F S A
E O L F O J N N C U G F S Z S G T H Q J O P P
F Y A H C I W D N A S O J E L P M O C M P B P
D Y T A M N R S N V R K D L M D A Q V C C F W
D N A Z A I T D U Z U B Q Z O S F A F R Z K V
I M C X E A O Q R O P Y O B O K K U W N R H D
A M S P O S I E I G P Z T N L Z F P K F V M M
B G M W P F A R Y L T W V R O N E C O R R E F
V Y V I J Z R A K F C S A V D W Q E Z R U D Z
```

MetalCarbono **Ferroceno** **CatálisisHomogénea**
ComplejoSandwich **LigandosPi** **Compuestos**
Metaloceno

Química Teórica

```
J W I X U E V N Q Z Y P H A H L Q N Z L V
T J G V M E T O D O A B I N I T I O H T J
X H N U M M Y Y R R X T E C N S S I Q T W
R J N I G A Y N C A O C O P C E O Q D U D
E A R R K T B A A L B U P S S M B E O H I
G F L K R V L U G U D H P H M S C R A V W
N J C U T A A I P C P V G T R U T T R H A
I L G R C O Z A M E P T R W F W D S O J F
D V W M B E P L V L J K B G I E P U M D X
O S B K S M L V M O U J W D N B A P K G J
R B B F S Y Y O A M N C U S G C U G P F N
H Z A I K H Y M O I M I I A W T E Y L C
C Y V C E E V D B L G J D B B U O K I U
S X M O I J E Z D E A G U V T Z M W C T Y
T M I O U M J K I D G T Y H O Y W O L I N
N M V G R F A W X O I L I O L F J W F Y Y
T L W K L X M N G M G R C B D L G J Z X J
G H Z Z L E W T I H Y Y G U R M L P G P N
C Q I T E O R I A D E G R U P O S P J Y I
U R O N H B H S U R I R E K B Q R L C Q V
U Y W U L G S F T L W A H I D T O D F H U
```

Densidad **TeoríaDeGrupos** **MétodoAbInitio**
ModeloMolecular **Schrödinger** **OrbitalMolecular**
Dinámica

Q. Estado Sólido

```
N U G C K S Z N S A S M V X D Q P I R P S N M
C Y D T C A O D U A L D X I A P G Q G X A C D
I W S A U T S S P R J J H S Q Y V J W T Q J S
O E I U Y D N A O D Z A P C X O P F A F V D K
U P T F P M G B F R L J H T Z G B R I J P S T
A P A S O E X O X R O W M N I A U C O N V Z H
V K L D L X R S T A O P D K J T P I L F M R C
E E N J I Y B C E K G A I V C T Q V U Y L N E
Q V N W M A J R O R O P F U N R F V R N V G C
J L E P E Y V I S N O X R L V Q Z N Q A E O A
T Q U G R M X S T S D T A J E Q J N H S Z R B
B H Z I O A B T V Y S U C S W E Q Z U Z H D X
O Y D Y S S Y A O E E Y C U J F Z R L O R V M
W I A Q W X B L B Y M X I T D G D J F C N L B
G P A H B B M I F I W W O K I N Y Y E O L T L
L J E D L E A N G Z I M N G Y V O P O O C S K
O T R Y W L M O L N T B R E U D I C O W F A L
Z C W S V Z G S U B A I A Z I U W D I U N O G
T C N A I B M V X P Z L Y Z O I F J A M R L Y
O X U V D A Q I S O D O N O Q J K W P F D E K I
L Z E F A I Z O P J S H S H H M P W Y G T S G
T V O E B Z Y J S D W R X B E L R E W Q Y Y R
V O P H K I J X A T K P K D K L S K S A A J G
```

Cristalinos **DifracciónRayosX** **Estructura**
Semiconductores **Superconductividad** **Porosos**
Polímeros

Química del Color

```
U G W U L V F A N M H M K L X L R C H T F K
D W X R D O Z E I S P K C V U Z U W I H C Q
T M Y Y E B M O H X D Z G H A B E A W M C H
S P Z P I Y T E D W O S F W W C S I X W F L
C L O W M N U N M I U B A S W A P K P F G R
Y K D F B K W M V L X X A Y C V E J I F L V
D B S C S J S Q U B F U M A W S C X G O W R
H I O P U G X I T P L D O Q P O T V M W V G
Z L V R M F T N N S Q W C A G X R H E C Y N
O S U O O W L W H T T E C K O Y O I N X L Y
P V O O L F L S J F E I G X Q K A A T C J R
T O J G R X O C R F O S R Q W I B E O C K P
T X F N N V H M Y C R Q I B B H S L B Y E X
A X W W I I X T O T I T J S A D O R E D D U
L U Q Z W J I L J R A N M O A R R M X T O C
B G A L T E O J L Y C Q K Q A D C S U O G Q
V U K V N R Y S I S O Y H N V V I N J P C A
G Y N R O M I T D T L N T P P W O T C V L N
R X U C M C E Z J K O E H Q K W N Y I A L F
F Z M K E S V S J Q R T M Z X A H D O V W R
Q Z T R Y T Z N X C S H Z R U N Q M N X A V
G F M D E K G O D L T J L H I H E A R B Z S
```

Cromóforo **EspectroAbsorción** **Colorante**
Pigmento **EspacioColor** **TeoríaColor**
SíntesisAditiva

Q. Computacional

Modelado
Simulación
MétodosAbInitio

MonteCarlo
QuímicaCuántica

Densidad
Programas

Química Alimentos II

Aditivos
Nutrientes
Procesado

Fermentación
Aromatizantes

AnálisisSensorial
Conservantes

Q. Atmosférica

Contaminación
LluviaÁcida
ProtocoloKioto

Smog
Aerosoles

Ozono
Química

Química Marina

Oceánica
SulfuroMetálico
Algas

CicloCarbonoMarino
PlumaHidrotermal

Acidificación
Bioluminiscencia

Polímeros Adicionales

E	W	S	R	U	I	C	K	D	I	R	N	W	F	R	R	W	G	X	S	U	Y
Z	U	F	J	B	B	F	K	O	N	A	T	E	R	U	I	L	O	P	X	A	G
A	Q	U	S	D	W	Z	E	H	N	H	N	P	A	B	X	R	C	G	A	Y	M
C	W	E	I	S	F	M	U	X	W	E	I	O	L	H	X	W	H	Z	I	I	Q
C	O	V	F	B	U	U	I	O	M	T	L	L	S	K	L	Z	Y	I	H	O	T
M	E	K	G	O	M	J	M	G	J	D	V	I	B	R	Y	E	A	F	K	L	A
K	P	M	M	J	E	L	C	Y	V	W	K	A	T	U	D	S	U	N	W	J	K
W	V	O	R	O	T	D	W	C	V	L	P	C	F	E	X	E	A	W	R	V	L
P	D	Q	L	M	T	W	K	G	H	H	O	R	B	W	I	Y	Q	G	J	O	U
W	F	V	U	I	E	O	T	H	S	K	L	I	W	F	Y	X	P	W	Y	H	U
X	J	Q	O	N	E	R	I	T	S	E	I	L	O	P	F	G	O	L	I	H	I
A	D	P	V	X	M	S	L	W	K	V	S	O	Q	D	N	X	L	I	D	G	X
G	C	B	L	L	D	P	T	K	Z	S	A	N	B	A	J	Z	I	L	L	D	N
U	M	J	V	T	V	L	Q	E	E	Z	C	I	N	U	I	G	P	A	G	O	N
I	D	Y	E	J	L	O	H	U	R	E	A	T	F	A	X	J	R	Z	C	R	P
A	J	E	T	S	J	W	M	Z	B	G	R	R	V	Z	T	T	O	K	Q	I	Z
Y	Y	L	H	C	T	Y	O	L	T	D	I	I	R	D	G	I	P	I	J	I	R
A	B	K	G	F	K	Q	K	N	K	W	D	L	K	J	Z	K	I	G	K	E	X
R	T	Z	U	S	V	Q	I	A	X	W	O	O	F	H	G	T	L	H	L	H	K
C	S	I	B	S	V	O	F	Q	J	R	S	U	C	L	K	R	E	Z	A	Q	L
L	D	V	G	B	S	P	I	Z	E	I	N	O	F	H	Q	T	N	M	Z	Z	T
Y	D	X	I	A	R	N	R	U	Y	B	I	R	W	W	N	I	O	U	K	O	I

Polipropileno   **Poliestireno**   **Poliéster**
Poliuretano   **Polisacárido**   **Polioxietileno**
Poliacrilonitrilo

Química Industrial

G	A	P	Y	T	D	H	M	N	O	V	N	L	R	N	N	R	C	Y	D	U
P	Y	G	T	U	V	Q	W	C	D	G	C	M	G	F	M	W	G	K	R	R
T	R	B	F	J	M	C	T	T	V	R	C	T	U	P	R	Q	B	R	E	Y
J	O	O	M	S	L	N	R	K	J	J	X	R	R	R	L	L	L	K	F	K
N	O	I	C	A	Z	I	R	E	M	I	L	O	P	F	R	M	T	R	I	M
J	L	R	X	E	N	F	G	O	I	W	C	S	Q	A	F	G	P	W	N	T
P	J	E	A	J	S	C	I	O	W	E	X	Y	D	Z	F	N	P	Q	A	Q
W	W	Y	H	O	K	O	M	P	S	U	L	V	Q	F	O	J	N	E	D	T
Q	C	P	K	D	E	B	C	O	U	J	L	U	U	Y	E	E	M	L	O	Y
K	P	W	A	R	B	C	S	O	H	A	B	E	R	B	O	S	C	H	P	H
C	X	H	P	S	L	O	I	K	N	S	G	T	V	P	H	K	W	C	E	M
I	M	E	C	K	L	S	O	P	D	T	S	C	U	J	J	K	O	S	T	R
F	J	W	S	V	V	I	U	J	P	Y	A	Y	D	L	B	W	Q	N	R	U
R	E	Y	A	B	O	S	E	C	O	R	P	C	J	Z	D	H	Q	V	O	W
C	U	Y	R	V	G	L	U	S	K	Z	X	U	T	C	J	D	V	L	L	S
V	H	B	V	X	L	P	Q	G	L	I	E	U	R	G	N	Q	J	N	E	M
J	I	X	L	I	V	S	Y	P	I	X	N	F	P	Z	P	L	O	X	O	L
A	R	U	I	N	L	F	V	U	H	E	W	O	P	V	A	L	P	O	H	U
V	M	J	P	S	Y	S	W	K	K	O	L	B	N	F	J	R	G	M	P	H
Y	Q	D	R	S	T	I	S	X	D	Y	P	D	T	I	A	V	J	Y	B	Y
L	S	I	N	T	E	S	I	S	A	M	O	N	I	A	C	O	W	S	W	O

HaberBosch   **RefinadoPetróleo**   **ProcesoBayer**
SíntesisAmoníaco   **Polimerización**   **ProcesoSolvay**
ProcesoContact

Química Petróleo

Q	F	M	A	X	O	Q	A	U	T	R	W	N	I	C	F	A	X	C	J	Y	S
P	F	C	Z	W	C	B	R	N	I	E	W	D	I	U	D	Z	M	L	U	Y	I
Q	V	V	E	A	I	I	A	B	I	E	S	A	L	J	Y	Z	O	K	R	T	F
M	T	Y	W	N	T	G	Y	A	W	C	Q	O	J	Z	U	T	T	A	X	N	N
U	J	F	Y	Y	I	V	W	I	O	H	R	N	U	K	N	T	Y	H	W	S	O
P	O	L	V	U	L	X	I	B	X	W	A	B	H	E	D	U	Y	H	K	H	H
U	F	I	N	X	A	B	T	G	H	M	A	H	I	G	Y	X	F	Z	I	B	Z
D	I	O	D	V	T	R	U	O	Y	S	A	M	W	K	Y	A	D	P	A	T	R
Q	K	L	W	D	A	W	A	H	C	S	A	W	W	U	I	A	E	A	B	Q	N
V	B	E	Q	N	C	B	P	G	H	N	X	Y	U	D	I	F	C	E	P	B	V
B	M	U	Z	X	O	H	C	C	O	I	Y	Q	H	Z	X	U	P	W	A	H	C
L	J	F	F	S	E	I	W	I	F	R	J	S	E	Z	B	N	E	F	E	M	S
N	P	A	F	U	U	D	C	X	K	L	U	V	J	R	M	K	J	U	T	W	I
F	S	T	Z	I	Q	C	Q	A	A	G	A	E	M	E	V	M	Y	D	G	Q	V
T	Y	I	Z	U	A	F	X	Z	L	G	H	F	B	F	A	G	X	I	S	Z	N
O	G	P	C	R	R	S	L	R	A	I	V	T	R	O	T	B	V	J	E	Z	Y
X	J	G	F	O	C	B	E	S	X	I	T	Z	G	R	Z	O	O	N	M	B	U
Z	C	A	A	M	X	N	O	X	V	Q	F	S	F	M	X	S	M	Q	K	K	Q
Y	Y	G	N	F	X	L	K	Q	R	Q	N	D	E	A	Q	R	Z	B	Y	T	H
F	O	T	N	E	I	M	A	T	A	R	T	O	R	D	I	H	Z	E	E	K	M
E	F	Z	J	N	I	P	W	A	B	K	H	W	P	O	M	C	D	K	W	W	Z
V	V	A	A	V	R	P	F	E	E	T	M	P	X	W	Z	R	Q	Z	S	D	C

Fraccionamiento   **CraqueoCatalítico**   **Reformado**
Destilación   **Hidrotratamiento**   **Gasolina**
Fueloil

Inorgánica Adicional

E	P	I	P	P	G	X	H	T	V	E	H	L
E	S	W	T	F	O	O	M	Z	M	I	Y	Y
E	M	U	Q	Z	O	M	G	U	I	J	N	E
S	T	T	L	O	T	A	F	S	O	F	O	X
Q	I	K	Y	F	H	L	X	M	M	T	F	P
B	N	L	W	N	U	I	P	N	A	Y	Y	X
Y	V	O	I	O	O	R	U	R	T	I	N	L
K	X	G	R	C	V	E	O	U	N	J	H	I
U	H	U	G	U	A	B	O	S	Y	A	T	R
H	R	T	J	C	R	T	P	B	X	X	T	K
O	X	Q	S	R	V	D	O	F	L	A	L	V
G	V	I	F	L	Y	Q	I	S	F	O	G	P
K	O	D	N	M	D	T	X	H	I	S	R	Z

Hidruro   **Silicato**   **Fluoruro**
Fosfato   **Nitruro**   **Borato**
Sulfuro

Química. Combustión

F	W	T	K	I	Z	X	O	H	S	P	B	V	Q	A	S
B	E	I	M	E	A	G	N	Y	N	O	O	C	L	Q	C
I	N	L	U	N	O	P	R	U	R	D	W	Y	C	N	E
C	W	P	B	Z	D	Z	P	I	F	Y	Q	R	I	X	P
Q	K	T	K	I	A	L	D	I	R	C	R	H	G	A	C
G	W	Y	M	S	T	V	A	R	R	H	J	H	T	V	R
X	K	A	C	L	E	S	D	F	R	O	C	E	E	L	I
D	Y	I	S	N	L	M	U	C	B	J	L	U	R	Z	E
U	J	J	Y	T	P	G	B	B	T	P	S	I	Z	M	E
I	O	C	A	A	M	A	L	L	M	P	K	V	S	N	Y
J	E	X	P	L	O	S	I	O	N	O	B	F	N	I	D
G	H	S	W	Y	C	M	C	E	U	H	C	Q	S	T	S
K	B	A	Y	Q	S	N	Z	P	S	G	R	W	A	E	Z
B	S	R	O	G	I	A	V	R	P	P	N	J	B	F	T
P	H	J	H	W	B	U	X	T	E	R	M	I	C	A	C
H	O	S	B	A	F	V	B	G	T	J	I	W	I	P	K

Combustible **Completa** **Incompleta**
Pirólisis **Llama** **Explosión**
Térmica

Química. Los Aromas

P	T	V	T	O	N	X	J	D	G	W	R	N	A	Q	V	M	V	G	P	Z
I	M	P	H	V	Q	O	A	Q	O	R	B	T	C	S	W	K	G	H	I	K
S	P	W	C	R	J	R	I	S	U	I	R	F	E	M	X	A	V	K	X	T
O	T	D	G	L	R	T	J	D	V	H	H	H	I	G	L	Z	B	U	Q	C
A	T	C	E	F	A	E	A	G	T	G	Q	U	T	D	O	E	E	X	O	J
M	B	R	B	L	G	R	I	M	L	A	P	V	E	B	J	T	K	U	P	C
I	W	X	N	A	A	P	O	O	T	F	G	H	E	Z	T	S	X	G	F	D
L	E	Y	K	A	N	E	Y	M	A	F	I	F	S	K	F	T	T	O	J	N
O	R	X	W	V	N	N	K	I	A	D	Q	K	E	X	A	C	X	H	G	R
N	J	W	M	F	U	O	A	S	O	T	A	H	N	B	D	M	R	S	F	K
P	D	A	A	L	E	N	D	C	W	I	I	Y	C	D	I	C	J	D	M	Q
B	O	V	Y	P	T	U	I	K	V	W	E	Z	I	U	F	S	S	L	W	A
P	S	N	M	X	N	N	Q	O	Z	C	G	V	A	N	I	L	I	N	A	J
F	I	J	I	X	A	P	Q	M	O	N	S	V	L	N	Y	F	Y	K	B	P
X	Y	I	G	M	Z	U	K	D	T	H	U	S	G	X	T	I	B	V	U	I
O	V	D	I	F	I	O	U	E	H	B	Y	M	Z	N	M	E	U	Y	M	T
P	X	C	U	V	R	X	P	Y	Y	R	G	C	V	K	S	V	Q	F	I	N
V	O	L	D	N	O	W	L	G	H	J	X	T	L	C	J	H	N	G	Z	D
Z	K	G	L	Y	B	X	P	I	H	G	A	W	V	G	T	N	C	M	W	M
R	V	Q	H	W	A	O	H	H	G	T	P	A	A	L	F	Z	S	T	N	A
B	E	G	C	F	S	T	V	G	B	O	C	B	R	T	O	E	C	Q	M	Q

Aromatizante **Terpeno** **AldehídoCinámico**
Vanilina **Isoamilo** **Saborizante**
AceiteEsencial

Q. Explosiones

K	U	P	T	Y	E	E	U	E	X	A	G	O	C	I	J	S	D	U
T	K	A	G	Y	K	Z	L	Z	M	E	V	M	P	I	D	N	A	C
Q	M	J	R	J	Q	D	B	V	N	P	R	Y	Z	I	B	D	Q	P
V	P	O	M	Q	P	X	V	D	U	L	A	N	G	X	J	M	M	Q
E	Q	E	P	F	G	I	X	4	P	T	T	N	T	N	T	P	B	N
N	I	T	R	O	G	L	I	C	E	R	I	N	A	Q	N	A	G	H
A	P	E	B	H	L	R	U	I	D	C	D	E	C	R	G	Z	R	U
P	Q	E	W	B	L	V	H	Q	N	Q	R	O	L	J	M	F	A	A
Z	F	N	V	M	A	J	O	Z	P	O	O	T	J	N	O	U	F	S
B	J	Y	P	V	M	R	E	N	O	I	C	A	N	O	T	E	D	G
U	B	A	P	W	N	D	K	B	E	V	B	E	Q	Z	X	I	R	D
Q	H	N	P	Z	Q	L	P	Q	K	G	Q	X	E	F	N	G	N	P
P	M	R	B	K	L	K	A	R	R	J	R	O	M	A	F	T	D	H
J	H	R	I	W	Y	Z	U	W	X	E	K	O	M	D	E	A	E	P
Y	V	Q	U	C	A	P	Y	Z	G	C	Y	I	I	J	D	Y	C	C
M	B	B	J	E	C	U	U	W	G	D	T	B	J	W	X	S	W	F
P	P	A	H	H	U	X	E	E	Y	A	N	C	R	G	O	V	V	D
S	D	L	R	E	S	N	M	U	Z	P	Z	S	U	H	W	S	H	Q
O	P	B	I	K	R	X	J	V	C	R	B	S	N	T	C	C	K	U

Nitroglicerina **TNT** **Dinamita**
Cordita **Ce4** **PolvoNegro**
Detonación

Química del Vidrio

I	O	X	S	Y	L	P	P	B	Q	W	A	I	X	F	Z	I	R	G
R	I	D	T	B	A	J	I	Y	A	G	M	X	X	G	A	T	P	W
Y	T	R	A	N	S	I	C	I	O	N	A	M	N	S	U	C	W	C
Y	P	H	J	L	V	I	B	B	I	G	D	Q	O	W	W	W	D	G
A	L	N	C	N	P	N	G	O	M	N	X	C	I	D	X	M	X	R
Y	P	N	X	S	Q	M	T	C	R	O	V	T	C	U	I	F	X	E
S	Q	S	S	L	K	P	E	Y	A	O	Q	O	A	K	F	D	J	G
A	C	I	Y	O	Y	Z	M	T	Q	N	S	S	Z	X	U	E	D	Y
O	C	X	F	V	Q	Y	S	I	J	J	S	I	I	E	R	O	N	H
B	L	W	K	K	K	G	V	E	H	C	B	L	L	Z	T	C	G	D
T	O	M	J	P	L	B	I	Z	J	Z	L	I	A	I	P	X	K	C
L	T	B	K	W	E	P	H	K	J	B	R	C	T	C	C	C	R	A
P	D	Q	R	P	E	P	K	M	G	V	K	E	S	W	A	A	F	L
A	H	Y	W	J	F	Z	I	W	J	C	K	W	I	M	F	K	T	S
R	L	U	F	D	F	V	O	I	D	S	R	S	R	H	M	U	K	O
P	B	S	C	E	U	B	Y	A	Q	Q	B	Z	C	E	F	M	N	D
C	I	S	X	Y	Q	K	Z	G	M	D	X	E	Q	E	L	B	U	A
B	A	Y	F	V	V	L	B	Y	T	V	Z	Y	F	A	W	R	E	D
J	S	S	R	D	L	M	S	G	Q	O	T	W	U	F	R	I	T	A

Sílice **Frita** **CalSodada**
Transición **Borosilicato** **Templado**
Cristalización

Química del Caucho

O	X	A	U	A	K	X	I	K	N	V	I	T	F	K	Q	L	X	J	S	A	T
S	X	C	L	Y	C	N	U	K	Y	L	E	P	G	R	B	T	N	B	G	L	H
G	H	K	R	C	Q	L	H	H	F	R	N	K	O	N	E	R	I	T	S	E	I
R	Q	V	E	E	D	B	G	O	W	Y	R	Z	Y	O	Z	O	W	M	E	K	B
C	R	V	O	V	G	L	X	T	N	J	D	A	K	H	Q	O	M	P	T	I	S
W	Y	S	N	N	N	O	I	C	A	Z	I	N	A	C	L	U	V	H	W	W	R
L	F	S	E	E	E	I	B	B	U	C	N	U	H	D	Q	D	S	T	S	E	C
Q	U	Y	I	J	O	R	I	F	Q	E	N	W	F	J	C	F	V	O	N	M	R
W	U	B	D	D	P	Q	X	I	J	L	A	T	E	X	H	P	M	B	J	E	Q
D	U	A	A	P	R	V	C	W	E	A	V	C	X	O	B	C	T	C	K	C	Z
Q	O	N	T	U	E	E	W	T	D	S	N	B	N	W	J	X	F	Q	B	L	K
I	W	E	U	A	N	I	K	W	A	T	D	C	A	L	C	C	P	U	Q	C	G
A	D	A	B	E	O	K	C	U	T	O	B	W	Q	D	K	G	X	T	Z	Q
S	U	L	O	L	I	I	C	G	Z	M	J	U	Q	Y	V	M	D	Q	F	K	L
P	V	O	N	H	B	G	O	C	Y	E	Z	T	T	D	M	I	E	Q	H	Z	N
U	M	C	E	A	P	B	O	U	Y	R	N	D	W	A	J	B	V	F	G	E	T
Z	K	N	R	D	S	V	T	V	N	I	M	D	X	O	D	W	S	B	J	H	T
X	U	J	I	U	S	E	K	H	T	C	F	L	W	I	U	I	S	K	M	A	P
N	P	F	T	I	Y	V	X	C	N	O	G	A	I	E	J	H	E	J	I	D	B
A	K	A	S	X	M	D	H	C	E	A	K	W	N	Y	W	H	D	N	E	K	B
I	P	S	E	P	V	T	Z	B	O	E	Y	V	C	X	T	W	P	U	O	Y	V
S	N	A	T	I	V	O	X	F	T	H	B	Y	C	F	C	D	P	L	L	G	M

Elastomérico **Vulcanización** **Neopreno**
Butadieno **Estireno** **EstirenoButadieno**
Látex

Química del Colorante

E	W	T	S	N	M	K	Z	T	R	Q	B	C	X	K	E
T	H	B	R	Z	B	L	L	X	H	L	H	P	Q	N	E
J	F	F	M	N	C	I	K	G	M	A	F	D	Y	E	Q
A	U	F	V	O	E	I	T	A	G	U	A	M	A	G	U
D	L	D	F	I	J	Q	B	I	N	D	I	G	O	S	N
L	V	I	C	S	H	C	P	O	I	N	A	O	P	T	C
M	P	R	M	R	Z	V	J	O	D	T	V	D	Q	W	L
J	B	E	Z	E	Y	U	P	P	T	I	F	O	D	O	S
W	T	C	S	P	N	T	F	H	T	I	C	U	P	P	B
C	Y	T	K	S	Y	T	N	C	P	K	O	A	J	A	U
A	U	O	E	I	C	B	A	S	I	C	O	M	Q	N	F
F	H	Y	D	D	S	E	E	R	Z	H	S	A	E	K	O
S	Y	V	I	H	R	I	F	A	I	M	K	T	V	D	T
K	H	S	U	V	R	O	P	U	O	O	X	H	O	V	Z
P	Z	V	Y	P	U	L	J	W	J	Z	P	B	T	H	F
U	Z	X	I	K	X	H	S	P	O	J	L	B	X	Q	X

Acido **Básico** **Directo**
Dispersión **Reactivo** **Índigo**
Alimentario

Química del Agua

R	I	T	Z	K	T	W	U	U	Q	K	D	L	W	C	M	G	J	T
U	M	T	V	L	E	S	R	C	W	D	F	K	F	K	P	M	X	J
L	Q	R	F	W	N	O	I	C	A	Z	I	N	O	Z	O	C	L	C
W	M	M	T	J	K	X	G	W	R	H	R	G	P	I	S	A	E	X
M	A	R	S	J	I	H	J	J	T	A	F	X	F	B	V	W	X	B
C	W	B	W	X	V	A	M	L	N	I	X	Y	O	M	A	V	E	A
Y	I	J	M	R	D	Z	F	J	I	I	K	E	M	U	O	V	L	H
S	A	G	B	N	F	E	W	X	T	H	X	D	J	D	E	Z	B	L
M	P	W	K	O	Z	R	S	F	U	K	V	U	P	N	R	U	A	Q
D	D	W	S	I	F	U	K	I	N	C	H	K	O	R	N	V	T	F
O	U	O	P	C	Y	D	V	Q	N	T	I	I	A	Y	A	O	V
U	B	L	C	A	Z	E	C	V	N	F	C	T	U	D	F	E	P	G
V	D	H	A	L	H	Y	D	Q	B	A	E	G	M	B	O	Z	A	F
E	L	A	U	I	L	O	L	T	L	K	B	C	C	U	I	S	U	B
C	Z	W	J	T	A	B	J	U	N	H	U	X	C	J	O	C	G	D
D	C	C	E	S	H	V	G	I	X	I	S	Z	N	I	F	J	A	O
E	X	C	D	E	S	A	L	I	N	I	Z	A	C	I	O	N	R	G
J	C	Q	F	D	O	M	C	J	J	U	W	D	P	U	Z	N	B	L
C	X	L	B	C	N	M	F	Z	R	C	C	A	Q	S	U	P	U	Z

AguaPotable **Desalinización** **Destilación**
Coagulación **Ozonización** **Desinfección**
Dureza

Química del Suelo

W	R	F	X	Y	E	Q	J	C	Z	G	L	K	B	K	M	F
D	B	N	Y	F	W	J	I	G	A	R	D	C	R	W	M	T
W	I	M	J	I	Q	N	S	B	C	J	W	Q	V	C	W	M
X	M	B	P	M	A	M	O	G	K	G	L	X	Z	Y	T	S
I	R	H	E	T	N	A	Z	I	L	I	T	R	E	F	I	R
S	A	A	R	Q	S	L	L	K	S	U	P	Z	D	S	O	H
S	A	R	C	I	L	L	A	N	T	O	S	N	V	W	H	I
H	I	I	O	L	J	H	Z	L	N	E	R	B	G	N	U	O
U	R	H	L	J	O	Q	V	U	H	H	F	E	I	J	D	J
R	N	A	A	T	R	W	T	G	V	P	R	K	W	N	T	V
D	R	X	C	G	Y	R	N	Z	A	M	D	N	H	S	V	Q
K	T	C	I	Y	I	T	Q	Y	B	K	Q	B	C	W	A	D
Q	N	G	O	E	N	D	U	F	T	V	L	I	Y	O	I	R
E	N	Z	N	V	Q	H	K	Q	A	O	I	T	S	Y	K	X
L	S	T	I	Y	G	V	J	O	L	C	L	F	L	H	N	W
D	E	B	J	L	S	Q	F	Q	S	N	E	B	J	C	Z	F
S	U	M	U	H	Z	C	O	J	F	D	R	G	G	A	E	I

pH **Nutrientes** **Arcilla**
Humus **Erosión** **Percolación**
Fertilizante

Química. Pesticidas

J	X	S	E	U	T	N	X	M	I	K	K	M	X	B	J	M
W	N	A	D	I	C	I	B	R	E	H	U	J	K	B	L	Z
W	L	B	F	J	O	T	I	A	C	N	H	J	M	H	T	M
O	N	I	P	Z	B	S	C	K	L	P	Z	F	F	M	K	V
V	E	O	T	T	H	J	B	A	S	P	V	N	O	H	A	S
Q	X	P	Y	R	F	A	V	C	R	L	Z	H	P	A	S	V
N	T	E	Z	A	Z	U	D	Z	N	A	E	U	D	Z	B	V
P	C	S	L	M	B	M	N	I	R	G	V	I	A	W	G	Z
V	L	T	C	J	Q	V	B	G	C	U	C	E	Y	R	L	A
M	S	I	U	A	U	I	N	Z	I	P	J	H	R	Q	C
W	I	C	Y	B	G	H	B	H	T	C	T	U	P	E	Z	R
J	M	I	S	A	Z	W	K	C	Y	I	I	N	D	S	E	Q
C	T	D	R	Z	L	U	E	Y	W	D	Q	D	E	I	X	W
C	B	A	Z	Z	B	S	N	Q	H	A	R	H	A	D	R	O
P	W	R	L	K	N	G	I	H	Q	N	W	Z	O	U	O	C
H	D	P	A	I	S	E	S	G	A	H	D	M	K	O	E	R
Z	T	D	D	R	I	Z	C	C	R	O	P	C	L	S	F	V

Insecticida   Herbicida   Fungicida
Plaguicida   Rodenticida   Biopesticida
Residuos

Química del Cobre

E	F	K	A	L	H	P	E	J	S	O	S	H	K	Q	D
T	Q	G	V	Z	U	S	Z	T	H	M	C	W	O	V	G
Y	Z	U	G	P	U	G	Q	J	H	U	L	W	W	L	E
G	Q	R	C	V	A	R	E	T	P	S	A	U	N	A	A
X	V	D	O	B	F	T	I	R	Q	C	H	U	R	Q	X
R	V	R	V	V	U	I	T	Q	A	V	K	T	G	I
F	D	Y	E	K	I	T	S	N	A	L	B	U	N	I	R
V	P	Y	L	L	A	T	Z	M	R	C	H	F	G	Z	J
L	K	T	I	A	F	U	A	M	J	O	D	K	O	D	U
M	W	J	N	T	N	L	Q	N	H	P	B	O	R	J	U
X	L	G	A	E	A	Z	P	W	E	I	N	S	S	P	N
B	B	M	D	Q	I	J	X	H	N	R	P	X	X	O	Y
X	T	R	U	T	T	D	K	V	M	I	B	Z	B	K	L
Q	V	I	Y	E	E	E	G	F	N	T	W	O	E	A	C
J	T	E	U	Q	B	Z	P	D	J	A	U	W	C	R	K
A	D	V	M	J	K	L	R	Q	Q	E	E	U	D	D	P

CobreNativo   Calcopirita   Malaquita
Covelina   Azurita   Bornita
Cuprita

Química del Hierro

L	I	M	D	R	T	S	J	Z	P	F	Q	J	B
Q	L	S	A	Z	X	S	Y	D	S	Q	X	J	A
U	M	B	X	G	I	I	Q	A	C	F	A	P	L
Z	E	D	N	V	N	D	C	T	L	G	E	Y	Y
A	N	K	J	Q	C	E	P	I	O	A	T	H	D
T	I	C	T	Y	T	R	T	R	R	C	R	Y	H
I	T	S	R	D	Q	I	A	I	A	Y	B	E	N
N	A	Z	V	R	M	T	G	P	T	T	M	P	C
O	V	M	S	L	D	A	P	K	M	A	R	B	D
M	H	F	K	C	A	T	I	H	T	E	O	G	L
I	F	F	E	Z	U	V	S	I	F	T	L	L	B
L	N	B	P	U	G	U	T	H	P	N	U	K	F
V	V	W	O	Z	B	A	E	Y	F	M	U	J	U
U	C	S	S	B	S	H	U	J	J	Y	Z	Q	M	P

Hematita   Magnetita   Siderita
Goethita   Limonita   Pirita
Ilmenita

Química del Aluminio

P	U	S	Y	E	A	N	I	M	U	L	A	G	E	F
T	Y	B	T	Q	K	U	R	C	H	K	C	F	Y	E
C	G	E	E	U	R	O	W	R	C	E	I	P	C	L
I	U	N	S	E	Z	H	R	K	H	Q	Y	Z	S	D
L	S	F	J	M	V	C	P	U	G	Z	G	I	W	E
C	I	W	U	A	E	O	Y	H	N	R	O	N	Z	S
V	F	S	Z	T	K	R	S	Z	U	Z	T	Q	Y	P
C	H	I	M	I	P	I	A	L	E	U	C	I	T	A
L	W	I	T	L	V	N	Y	L	V	K	A	K	T	T
B	Q	J	K	O	W	D	B	K	D	R	W	I	S	O
H	T	M	A	I	Z	O	B	W	V	A	X	A	X	M
B	Z	P	O	R	H	N	E	N	S	U	Z	X	P	R
N	Y	J	V	C	P	U	P	P	A	C	A	N	S	P
K	R	C	M	G	B	X	R	B	Z	U	Z	Q	K	U
W	T	L	H	T	L	B	O	J	Y	Q	M	D	O	Y

Bauxita   Corindón   Alúmina
Criolita   Feldespato   Leucita
Esmeralda

Química del Oro

```
U G I V F P F G D X W P U A S G D X M
K E U E O P K O B P D V W W D H O B P
Y F A S G Y Q X X M G T E F X Q D O A
N I O W D O R O C O L O I D A L K F D
M A M R X L J F Y Y G R Q L N A G M A
A D Z D O V J G W A Z E V B N Q O U R
M D Z R V N H H F L B F M Y N M T H O
O A V N O S A S V W X I D T U T N G D
S U T X E W T T S F L R E Z Z D R G N
V Y B J C B J U I E R U A V C A H U O
A L C Q H Z F B Q V T A L D Y F Y E I
L G F J D X J X T C O O U K R M N L C
T A T I P E P A W L E Z V G Z G H P A
M P Y P I R I T A A U R I F E R A T E
Z I I V C E I S P R D A O E Z S S N L
A B T Y H I E O P P N U N Z C A E J A
V B D O M L Q T S P K C G G Y V I L J
L N D L A O D F Q Q C K A O E P M T W
W A C D V Q A K G G M F I Q F O A P U
```

Pepita DeAluvión PiritaAurífera
CuarzoAurífero OroNativo OroColoidal
AleaciónDorada

Química del Plomo

```
Q R F F J S P F T N D G M A B N M D S
W V V U A Q P O I H J Q A E J R D V D
I T F I M V M S T W I L N L F J E N C
X T Z W X C C G J E T O F W E W D U V
R F W S X K C E R U S I T A X N B G K
Z C L W H V U N M P B K E N A X A E S
I I P B V O G I A Q T V T D Z V D L D
G W A J S S O T J X S V P Q P D Q W K
W A R S E N I A T O P L O M O Y B B Q
P W R L G S R M K E U F A G B M G H D
R F C A E J I K Y T W E E Z I C Y R D
Q Y E L N C G A M V V N N H F K Z K X
F I G O Q I R X W J J W R U L I V Y P
A N R X I Q A T M L Y T B Z X P H Y J
A N F E W N T Z J V N J P U Y X A K U
V V D R G V I R K K P W W W B P D Q I
H B L O C M L M R Q C I B E A V J V F
N G U Q G N Y O T H Z D Y A E I A L V
H W Q I E X G E Q D R E E O E C H P U
```

Galena Anglesita Cerusita
Minio Fosgenita ArseniatoPlomo
Litargirio

Química del Zinc

```
L A A K R T Z K M E G A R J S C R
K A G T X X I R L X Z B K Q K Z P
B N H W I T W A U N V H I T D A S
X T E Y I E P Q Y A T A N H A Z S
E M K H A S K W W N T H B H Y P O
U B W K Y U P C F I W V R R V N B
W E O G C E B S N M K J G E Z G G
V X F N A L Q O E A B W Y S H K A
S W R P E Q S E A L R L Q F X V A
H P R N C H F W G A L P F K A L Y L
N Q D D T T E J F C Y T R L Q O F
J A T I Z T R U W T O V G E W P M
H E M I E S F E R I T A W R T R B
X S Z B M U L Q Y T P U L I D S R
L A E I X Q C V V C Z X S T J O Y
Y B K Z P D J Z X Z D A C A J L H
F K Z Q L E K H K N H J K P D M S
```

Blenda Smithsonita Hemiesferita
Esfalerita Calamina Wurtzita
Franckeíta

Química del Mercurio

```
E S L N S V W T L P E V F G L O H A R W L
D V N H N L Z T A G S K R I S H W V P H T
R U D A V C Z I V E N Z P L B P F I G W M
L P R D Q R K T L Q P C O I H X H V Q V T
I V F X A J W Y D T M H I P T L O I Z S M
K P W H Q W M V R Q Y I J P I R J A O B Y
B R M I A M O A R U L B U D O U E N N U S
U E C X O Q S Z X S I D Z R N N A I D K Q
L R G Z B A M A L G A M A U N L D T M V H
O C I L A T E M O I R U C R E M D A A F V
C B T D E Y Q C K Y A L L M D X P D N K O
P W V E T S D Q I A I P O X A N U Z L W G
B F X H L X T R R N K L N S M W O X L X H
A Z I I A H E O B B A Z G U L V K I S U A
Q V B L K C M L N C Z B I A A S H U V L G
W G V J H X G B R I L K R J L L J O R E P B
M A O N R H C T G K T S Y I W L H O B P J
T Q I U G B L C C V E A U F O I S U I Q T
Z F R C Z R V I Y L H H S V H Q Y K W Z I
E A J V C Q N U Y D Y X Q Y W L M X C H E
J F I E U Z Z V G G U Y D C H S M M X T Q
```

Cinabrio Calomelanos Vivianita
Eglestonita Amalgama MercurioMetálico
Almadén

Química del Platino

```
T A O H F W A S O Y K M Z U
V Y C S Z O W X D J S I F N
J X W J N M M O H V K U T
T W A O X I F Q I A K U J P
W Y R N D T O W F K Q B K S
W L D I I A O B A R D Z A O
O A J R O L B F S S B R M O
J J S I F P E L G T H R H E
P S N D L O A U V F U D K F
D V W I F I J L Q C O J U N
M J K O G D O R A I D H F W
B E D D D O R F Y D N M Z A
N D K X N R U T E N I O A W
H K G E T F A C V U E O F D
```

Platino   Paladio   Rodio
Rutenio   Iridio   Osmio
Niquelina

Química del Uranio

```
F Y Z J W C W R I L J C U U I H J U X X
Y W U N E A T I N I N A R U Q I C M A X
G S K Y R V P W I V E R K C A G U W E J
F Z O U E L V R K H L N O Y Y X D S G A
A A T T D F Q G T T Q U B J O H Y M B P
N T A K A K F B I D A V Q T P A Q X R O
S I Y X S D D Z D F S F Y G Y B X Q C S
N N Z M W Z A D O G B Q Y T C M E T K N
I R A W L C G N O O M P C Q B K O W M U
B E V Z A P A H A Z G Z R G K A R Y S J
W B F V U R Q F F V U Q B K U R D S J M
F R T S U O I Z S O L N V M Z V E B I V
P O M Y P W P T B N S I D P J Q P P S D
A T I C R I C O N A R U N M P Y Z X O M
H S M B N O J N E I F B J A K Y M S G B
H P T H R R P N U S B O D G R K K V X L
A P K S C A T I T O N R A C Z U A H A C
A L K Y U M A T I N U T U A C L U T A P
M S Q Z X X K K C Z V I G C H U N B W D
Z D F L G R O O C B S Q Z N A A Z P U Q
```

Uraninita   Torbernita   Carnotita
Autunita   Uranocircita   Uranofano
Uranilvanadatos

Química del Talio

```
U T D Q K W R T Y K P K R J R W C
A Z E N K M T U H A W K J X A J G
E Y P T N Z F Y Y G M B F Q L G K
R O F D R B K A Y D N U T W O Z R
M O O X C A P A V O M B I K R H U
M P B C E T H D D N H H W V A L B
U A Q R I S O E K O Q D R T N K Z
M N L O Z D W O D S O K I V D J G
E A M C D U N K F R J B O I I U
M C X O X K N A C M I E K Q T H V
W A T I M I D A R T E T U Z A X K
N P L T C T T E S O E Q A N S B P
D K I A Q X S O E W L V O R P J W
H Z E I I C R J C K C W P F X V A
I L U H H U B N E R I T A N Y S Q
K B G J A X R Y W Z H G U P C X
T O O I A E P T A D W A O X T T E
```

Lorandita   Crocoíta   Lorándico
Aurostibita   Hübnerita   Tetrahedrita
Tetradimita

Química del Sodio

```
U E W P C O A F N N R F T D S R Q C S K
N U M G A H I U J O L A F Q U Y I A H E
D P F I Q H F D H M T T N O H E F R F G
O D O X Q M R G O E F I A R G O E B Z Y
K O A A Z D K H M S T L A Y B A I O Q B
N V N V F Y I B T R O A S H B Z T N D V
K V I A C I G L A C A D M N O R T A N I
C J L L Q I D T P K Z O I U S R M T C U
N H D F P D O R U Y Z S E X H W K O N G
B B C B S S O O V X V X Q E O P C S F Z
X O Z I O E J N B J Y E J A S R I O K U
X C T D P T W A C R W L T E E P D D X T
Q P I J W Y H J X L C I Q P G S N I D A
J O I Z P B J I Q E L S Y E S T X C H H
T P B P H A Q C J A T V V T Z W T O P K
K E H Z R J C T H H F E M O H U A I H C
K A Q D S Z X Y X O X I I C L D S G P N
S V X S P W L Z N L C N I U I J S I W G
O W G A G G I R P M H S C Y T E C A I O
M S S A F N F U R V I D T W G I I H G E
```

Halita   Natrón   Trona
SílexSodalita   CarbonatoSódico   HidróxidoSodio
NitratoSodio

Química del Potasio

J	J	Z	C	A	R	B	O	N	A	T	O	S	E	D
X	X	K	U	C	F	H	H	G	G	K	H	X	A	G
X	R	G	M	L	L	I	Q	N	C	X	A	Q	K	N
N	B	H	I	D	R	O	X	I	D	O	I	T	U	G
J	M	R	F	B	J	T	R	K	P	O	B	Z	O	P
C	O	S	O	O	N	A	T	U	D	I	J	R	H	P
B	W	T	W	T	F	P	T	Q	R	K	K	J	D	P
O	A	W	A	A	G	S	R	C	E	O	Z	N	C	B
K	G	F	D	R	O	E	R	H	P	K	X	G	I	J
Y	I	F	L	T	O	D	J	G	O	V	N	O	S	Q
G	E	A	V	I	A	L	P	J	Z	E	Q	B	E	I
R	G	G	D	N	Y	E	C	M	D	W	B	V	Z	K
B	Y	X	T	Z	T	F	N	R	A	E	Q	U	X	Z
N	N	W	A	V	H	S	I	L	E	X	E	L	E	J
N	B	J	C	Q	V	L	O	N	F	P	A	R	L	J

Sílex   Feldespato   Cloruro
Nitrato   Perclorato   Carbonato
Hidróxido

Química del Litio

Z	Q	P	N	U	L	A	U	E	O	G	B	H	M	M	U	D	I	U
C	K	C	L	O	R	U	R	O	L	I	T	I	O	U	L	M	E	D
P	S	X	D	R	R	C	S	K	A	U	S	D	L	W	X	Y	S	T
B	Q	A	E	Z	I	O	U	S	M	C	P	R	J	Z	W	D	R	Z
J	A	G	T	K	B	P	Y	I	W	X	X	O	T	W	D	T	Y	S
D	N	P	L	I	E	V	U	L	O	O	A	X	F	S	B	J	O	J
G	X	E	M	T	L	W	E	J	J	V	G	I	R	H	X	E	O	A
A	I	Z	C	I	Q	O	R	B	P	Z	I	D	A	B	N	T	Z	M
U	O	W	X	H	O	O	D	L	T	Q	G	O	U	E	J	A	X	B
H	N	X	A	U	U	K	M	I	I	D	P	L	E	H	M	P	A	L
J	Z	R	Q	J	C	P	F	C	P	E	Z	I	I	Q	C	V	C	Y
T	J	W	I	N	P	Z	V	G	T	E	L	T	F	Z	V	Z	G	G
A	O	C	A	R	B	O	N	A	T	O	L	I	T	I	O	N	H	O
W	R	J	J	O	H	K	L	G	X	D	K	O	W	H	K	Y	V	N
U	X	D	D	W	H	I	W	G	M	F	H	H	X	P	P	F	Y	I
E	A	H	B	M	T	Q	U	L	G	W	R	K	I	B	D	S	Y	T
P	N	J	U	A	M	Q	K	D	O	G	U	F	U	R	W	H	T	A
Z	E	S	P	O	D	U	M	E	N	O	E	K	W	W	O	L	B	G
G	I	E	S	B	U	J	S	I	B	Z	S	I	G	V	X	K	L	H

Espodumeno   Lepidolita   Petalita
Amblygonita   CloruroLitio   CarbonatoLitio
HidróxidoLitio

Q. de los Halógenos

O	Q	R	K	Q	B	R	D	W	C	I	A	S	A
U	A	A	O	S	X	O	O	D	O	Y	W	S	Z
J	O	L	S	H	P	F	E	U	J	I	T	N	V
S	Z	U	N	T	M	P	N	F	L	J	B	W	C
P	Y	C	U	V	A	G	C	O	N	F	I	O	Z
B	I	E	O	L	S	T	L	O	M	J	Y	B	F
P	R	L	C	F	Q	L	O	D	O	R	U	A	W
Z	T	O	G	F	D	L	R	A	U	E	H	I	N
U	U	M	M	P	N	V	O	Y	H	I	V	G	M
F	P	Q	T	O	N	T	J	N	S	U	K	Z	E
D	A	W	F	O	A	Z	B	Q	L	B	Z	J	O
G	Z	P	B	Q	O	T	G	X	K	O	O	Z	M
P	F	L	H	X	I	W	U	R	O	G	G	X	O
E	E	T	T	O	N	R	M	Q	H	L	Q	C	B

Flúor   Cloro   Bromo
Yodo   Astato   Molecular
Noble

Química del Silicio

M	L	W	E	U	S	Y	C	T	R	E	S	I	L	I	C	I	O	P
F	V	K	O	P	W	G	Z	X	Z	Z	Z	U	L	C	U	C	U	T
H	X	U	P	I	L	L	W	O	H	L	S	T	Y	F	I	G	H	R
K	R	B	N	G	C	Y	E	G	M	F	K	L	E	J	O	R	U	W
E	E	O	M	S	C	I	A	N	O	C	I	L	I	S	M	A	J	D
T	T	X	S	O	N	M	L	D	P	H	D	C	E	A	Q	Y	F	V
M	G	O	U	T	U	A	K	I	B	E	U	M	B	D	V	N	A	X
K	S	L	U	Q	Q	S	T	M	S	N	Q	X	I	X	R	U	C	Z
S	I	A	F	J	W	R	V	P	N	O	T	U	V	K	G	C	S	V
W	I	C	A	Q	Q	E	A	C	X	H	D	L	E	F	D	A	Q	G
T	F	L	T	H	S	T	D	Z	O	P	O	I	C	D	C	A	E	B
R	U	K	I	J	O	I	B	H	S	A	M	G	X	I	K	U	U	H
X	V	R	I	C	U	N	Q	X	X	S	E	Y	M	O	C	S	W	O
U	D	O	D	K	E	M	J	N	Z	H	A	V	M	I	T	L	T	
N	Q	Q	V	B	K	J	O	H	B	S	R	L	E	P	A	D	F	W
L	I	Q	J	J	K	Z	V	J	O	E	S	R	A	E	M	H	X	T
T	G	Z	B	F	Z	R	N	I	C	Y	F	A	C	X	V	K	B	I
B	W	A	F	D	H	E	I	G	J	T	T	H	N	V	H	A	Q	Z
Z	S	O	T	A	C	I	L	I	S	S	O	W	D	S	Q	P	O	N

Silicio   DióxidoSilicio   Silicatos
Silicona   Sílice   Feldespato
Cerámica

Q.Elementos Nobles

H	U	B	O	S	S	A	E	A	O	I	X	L	I
X	A	R	P	S	P	Z	F	U	Y	S	U	C	R
E	Q	R	E	W	Y	W	D	W	A	A	S	D	V
N	O	Y	N	X	N	R	A	P	S	E	W	Z	C
O	X	M	C	O	O	W	H	K	U	O	C	R	D
N	G	X	D	L	Q	T	A	R	D	S	A	V	W
T	J	A	T	R	E	V	K	K	I	E	E	A	P
G	R	B	N	U	B	T	R	X	H	S	I	S	A
B	H	O	A	E	Z	H	I	W	E	C	E	B	B
P	P	X	F	Z	S	I	P	N	L	R	E	S	A
Z	D	K	C	V	U	S	T	E	I	M	D	B	T
L	X	J	D	Z	W	G	O	O	O	D	D	O	Y
C	A	Z	A	R	G	O	N	N	A	O	J	I	J
G	C	J	I	O	W	B	W	D	P	H	F	C	J

Helio   Neón   Argón
Kriptón   Xenón   Radón
Oganessón

Química del Carbono

M	F	Z	K	U	K	N	P	G	R	A	F	I	T	O	H	K	M	Y
S	Z	A	J	X	I	O	I	T	S	B	M	B	E	R	Y	E	I	D
B	L	Q	F	Q	A	M	I	Q	G	W	W	P	U	T	T	N	E	V
M	B	B	C	Q	L	C	Q	X	D	K	Z	Y	M	O	U	C	D	K
H	X	D	A	V	D	Y	F	H	T	Y	E	K	D	E	R	B	O	E
D	X	J	R	K	L	U	L	E	E	Y	O	M	W	O	L	X	S	T
C	X	K	B	F	K	S	Q	N	B	B	R	H	T	O	U	H	O	G
S	G	V	O	Y	B	Y	M	E	C	C	R	A	E	U	M	W	B	C
A	X	F	N	E	S	L	J	O	C	Y	C	Z	P	U	P	G	U	M
I	R	U	A	L	G	O	B	O	X	O	B	A	P	P	C	G	T	U
R	C	Y	M	S	G	Y	P	S	N	K	B	K	G	B	Q	H	O	E
P	A	G	O	U	E	T	L	O	Q	E	K	R	M	C	D	L	N	X
O	Q	V	R	K	T	N	B	H	R	T	F	N	H	Z	N	E	A	B
S	V	K	F	Q	N	J	P	C	R	T	A	A	W	H	P	P	N	M
C	D	Y	O	Z	A	H	W	L	T	C	O	G	R	Z	J	H	K	P
B	W	U	Z	C	M	K	V	C	J	M	T	L	E	G	V	R	S	V
N	U	V	I	E	A	Y	J	F	L	I	Q	K	A	O	P	X	K	O
O	F	F	Z	J	I	U	X	D	M	E	S	I	Y	M	H	X	K	N
E	M	U	H	C	D	Q	X	A	Y	Y	M	X	N	E	G	M	J	S

Alótropos   Grafito   Diamante
CarbónAmorfo   Carbonocatorce Nanotubos
Grafeno

Química. Hidrógeno

I	A	O	K	V	G	N	I	F	F	L	R	N	H	L
R	S	F	E	V	W	O	Z	W	X	O	P	U	F	O
A	C	Y	A	W	T	I	K	G	S	U	O	I	R	K
L	Q	J	I	F	R	T	M	R	O	A	I	Q	I	S
U	S	M	X	B	W	S	R	D	D	D	R	M	X	C
C	B	A	T	G	D	U	Q	P	I	U	E	J	W	H
E	U	K	M	L	G	B	Q	C	C	T	T	S	E	U
L	Z	Y	V	R	S	M	Q	F	A	T	U	L	U	J
O	G	G	L	W	C	O	M	L	R	N	E	S	W	F
M	B	Z	B	U	R	C	I	I	D	E	D	Q	T	Z
P	A	M	K	Q	A	C	T	G	I	E	L	J	M	Q
R	A	O	A	R	O	I	X	H	T	Z	X	D	Y	Q
E	L	P	I	W	O	B	F	A	V	J	T	L	Y	G
V	J	Y	R	A	D	A	S	E	P	A	U	G	A	E
Z	B	C	C	J	L	S	Y	B	V	T	P	X	X	I

Molecular   Metálico   Deuterio
Tritio   AguaPesada   Combustión
Hidrácidos

Química del Azufre

H	G	F	K	I	J	Y	I	X	V	O	H	U	U	W	T	W	G	O	C	I	M
L	L	U	B	V	Q	V	B	A	M	S	V	E	Y	B	U	B	Z	U	D	M	O
B	I	S	Y	A	N	J	H	D	J	X	N	I	A	A	Q	N	H	Y	B	W	L
Q	W	K	O	A	X	T	F	W	I	E	Y	W	X	U	D	X	F	Q	R	Q	T
M	P	H	H	T	N	Y	M	Y	B	A	L	V	D	M	C	B	G	J	O	E	B
N	Q	Y	D	B	A	E	C	L	O	H	X	E	A	Y	C	I	H	O	Z	G	Z
N	C	S	O	T	A	F	L	U	S	O	U	R	M	L	Z	V	C	X	T	A	K
K	Q	U	I	K	Y	D	L	G	S	E	V	Y	W	E	Q	S	G	M	C	D
S	U	R	P	S	U	L	F	U	R	O	S	A	E	Y	N	U	B	E	O	D	C
A	I	E	T	O	E	C	V	Z	S	S	C	F	G	A	F	T	Q	Y	L	W	M
P	N	G	X	T	Z	O	S	L	G	O	Y	L	G	U	C	H	A	X	E	C	S
Z	L	U	K	I	H	Z	O	X	Q	Q	I	R	D	L	E	G	W	L	P	W	L
C	T	A	E	F	G	H	X	C	G	O	O	T	L	U	H	N	X	T	P	M	R
S	Y	P	T	L	U	O	F	C	M	O	M	W	J	H	N	R	D	S	P	N	W
D	P	W	R	U	F	W	H	F	T	A	I	J	B	T	C	U	O	D	I	T	L
E	C	Z	O	S	I	A	K	S	U	R	K	W	W	T	Z	N	B	W	G	W	A
A	S	E	A	Z	C	V	E	D	Y	N	C	X	V	G	C	Q	L	Y	A	H	N
J	B	Q	V	P	Q	U	I	D	G	Z	I	J	N	V	T	W	W	C	H	F	O
O	G	B	I	P	P	J	K	L	W	L	V	H	H	M	X	Z	Q	D	F	V	Z
J	R	K	P	M	O	S	O	K	L	V	U	O	E	H	L	L	B	X	W	X	U
N	C	S	O	O	B	A	N	D	C	V	B	P	G	M	M	E	Q	I	S	F	H
C	U	C	O	W	O	X	K	F	M	J	Y	T	W	E	C	G	S	G	A	Z	O

Elemental   Pirita   Sulfuros
Sulfitos   Sulfatos   Tiosulfatos
CompuestoOrgánico

Química del Fósforo

M	Z	B	V	B	L	G	L	R	R	X	M	Z	E	V	T	A	L	S	Z	E	I	U
F	L	Y	V	H	F	T	L	V	K	Q	T	X	T	G	L	N	I	U	A	R	A	R
Q	E	R	X	G	O	A	S	C	J	S	K	Q	M	R	M	M	K	T	D	Z	C	M
B	L	R	O	R	S	D	D	R	F	K	Q	Y	C	O	S	N	D	M	E	B	W	H
L	E	D	T	J	F	Y	R	O	O	M	A	X	V	P	L	B	L	A	N	C	O	S
D	G	M	U	I	O	I	U	V	X	D	R	M	S	I	V	Z	F	V	O	B	M	Z
U	N	L	Y	J	L	D	N	B	H	Z	P	A	E	S	M	W	G	Q	S	S	S	W
F	T	S	H	W	I	I	E	I	K	E	A	S	G	U	C	H	M	D	I	Z	I	L
B	F	U	D	D	P	O	Z	O	K	K	O	R	F	D	B	J	B	T	N	Q	P	J
F	O	V	C	U	I	X	E	A	R	D	A	Z	O	V	B	D	B	C	T	Z	M	Y
T	G	K	H	S	D	C	E	F	N	N	I	P	S	J	E	T	V	K	R	U	C	N
Y	B	K	O	W	O	A	R	J	G	T	B	F	F	B	A	C	R	L	I	V	Q	T
R	U	P	H	B	S	W	J	I	E	X	E	G	A	V	S	F	G	D	F	S	O	U
P	T	G	H	H	K	K	K	Z	A	R	Y	S	T	X	V	X	G	V	O	S	I	B
E	D	D	C	Q	M	U	L	G	Y	R	U	S	O	C	I	R	O	F	S	O	F	R
K	J	F	P	U	P	T	P	Y	G	I	V	I	S	E	E	M	A	T	F	X	B	J
M	W	T	G	D	G	W	H	M	B	P	F	B	C	T	O	P	Y	O	A	V	P	P
W	S	E	A	M	W	Q	A	Y	H	U	G	U	S	K	I	I	H	T	T	N	X	P
J	S	B	X	F	G	B	B	N	Q	K	O	N	Q	I	O	J	K	E	O	A	N	H
F	J	M	K	Z	C	E	X	S	S	Q	C	E	C	O	U	A	Z	C	H	Y	L	U
Q	I	V	T	L	D	M	C	K	X	S	J	J	Q	E	W	U	E	B	T	K	O	F
A	C	Y	X	Y	B	K	E	T	V	C	J	J	D	I	M	Y	E	C	S	T	T	D
C	I	Y	U	Y	R	H	G	M	Q	S	J	J	I	V	S	M	N	J	H	O	S	K

Blanco   **Rojo**   **Fosfatos**
Fosfóricos   **AdenosínTrifosfato**   **Fosfolípidos**
Fertilizantes

Compuestos Orgánicos

H	K	J	D	O	G	U	P	F	U	O	Y	M	Y	D	G	X
A	L	N	A	R	T	X	S	Z	I	B	W	H	P	O	I	L
S	Y	X	L	O	A	Y	H	G	F	O	O	B	D	J	O	H
I	M	M	C	O	K	M	P	P	V	F	N	H	I	C	W	M
A	Y	H	A	R	V	J	I	A	M	I	E	I	Q	Z	U	G
T	E	J	N	U	Q	N	S	F	R	Z	U	R	U	W	P	J
S	J	A	O	B	P	H	O	W	I	U	Q	R	P	Q	X	L
D	P	N	J	R	Z	X	M	D	G	C	L	E	V	T	L	E
M	C	S	K	A	A	N	E	E	B	S	A	V	C	Q	K	A
X	F	N	W	C	U	T	R	T	R	V	Z	C	F	Y	H	V
H	H	Y	G	O	A	A	O	I	K	M	B	Z	I	U	Q	Z
V	B	H	W	R	A	K	A	S	O	K	Z	M	E	O	Z	D
Z	G	V	E	D	X	O	L	B	U	H	F	E	Y	C	N	V
Z	Y	O	P	I	O	C	I	T	A	M	O	R	A	Y	I	U
Q	K	F	I	H	O	X	D	Z	M	F	B	T	L	O	B	E
Q	P	V	F	Q	A	V	W	C	R	L	V	P	C	T	O	S
R	L	H	G	F	F	D	I	C	C	Y	P	M	J	X	Q	B

Hidrocarburo   **Alcano**   **Alqueno**
Alquino   **Aromático**   **Isómero**
Ramificación

Química Fotosíntesis

K	W	L	O	T	S	L	W	T	Q	Z	U	I	B	F	Q	M	N	U	N
C	B	X	T	N	R	U	Q	O	Q	Q	I	M	F	C	O	S	O	J	X
U	U	U	N	M	T	O	D	S	K	D	R	K	O	Y	T	F	M	M	N
N	T	L	E	F	E	G	X	F	A	N	G	U	T	T	Z	Z	Y	E	Z
G	H	X	M	V	E	M	H	I	O	K	V	G	O	F	F	P	N	T	B
G	N	S	G	I	E	X	Q	T	G	T	T	D	L	B	V	E	F	X	E
I	Q	I	I	Y	A	L	P	O	J	E	O	J	I	U	R	L	X	K	Y
S	G	Y	P	Y	H	K	B	N	R	P	N	S	S	G	N	A	V	L	R
Z	K	Q	Z	V	Q	Z	Y	R	B	F	I	O	I	T	X	O	A	F	F
F	L	N	O	X	D	Z	V	O	K	A	V	A	S	S	Y	B	L	C	Y
E	A	X	Q	F	Y	A	L	E	D	G	L	K	H	S	T	W	W	R	M
Y	N	W	R	C	A	A	T	W	A	U	A	I	O	V	Z	E	S	I	V
V	U	F	R	T	R	H	J	Y	M	T	C	Z	F	L	W	Z	M	C	G
J	N	Q	T	F	A	P	T	I	O	V	O	A	X	O	Q	Y	A	A	S
T	T	H	C	M	T	V	N	R	Y	F	L	I	V	E	R	P	X	L	I
H	C	S	Z	X	Y	I	Y	L	N	J	C	E	A	Q	A	O	O	S	P
P	J	O	Y	Z	C	M	Z	Q	D	D	I	J	Z	Z	C	W	L	A	M
K	Q	R	C	A	B	E	L	U	R	A	C	V	G	N	V	B	D	C	Y
O	C	H	M	P	H	J	W	C	C	G	C	W	N	R	Y	J	W	D	J
U	C	P	G	H	A	E	W	B	R	N	N	I	N	S	S	O	Q	G	L

Clorofila   **Fotosistema**   **Fotólisis**
CicloCalvin   **Pigmento**   **Oxígeno**
EnergíaLumínica

Q. Carbohidratos

P	V	P	S	C	Z	Y	S	I	Z	S	E	R	A	T	T	T
E	J	X	I	W	G	Y	C	F	G	O	P	B	W	L	S	L
F	G	P	W	A	G	C	E	A	N	S	L	B	Q	O	D	S
U	M	H	N	V	S	L	S	F	Q	O	K	V	Q	Q	B	V
L	Q	J	U	U	L	O	U	N	L	A	O	L	N	T	N	J
Q	G	T	D	A	T	Q	L	C	Z	I	D	N	X	A	F	I
I	B	E	B	C	H	Q	K	U	O	Z	I	N	Z	Z	I	T
R	O	P	U	E	R	S	S	J	L	S	R	U	S	Z	H	K
O	H	R	W	K	B	O	A	M	U	E	A	T	T	T	F	Z
B	F	R	Y	U	B	E	C	Y	J	S	C	Z	Z	M	B	V
F	K	Z	L	K	I	R	A	U	Z	R	A	J	A	V	P	N
G	G	E	I	O	D	I	R	A	C	A	S	I	L	O	P	L
K	O	V	B	C	U	Q	O	J	I	O	X	M	X	P	C	
B	F	W	D	W	G	E	S	K	G	Q	N	H	I	B	Q	P
C	Q	J	X	Q	P	D	A	F	T	B	O	B	D	O	M	A
U	M	R	J	E	A	N	Y	N	Q	W	M	J	O	Q	U	Z
L	L	P	Z	T	V	Y	I	E	A	Z	B	I	N	U	I	Z

Glucosa   **Sacarosa**   **Celulosa**
Almidón   **Fructosa**   **Monosacárido**
Polisacárido

Química. Lípidos

```
I W G R A S A I N S A T U R A D A W O E
X F R C U Y R Q N Y I O H V H Z A M D H
W G A S J P Z E X X S B H L U V H D I E
H M S Y F X G X W A Q Y C W N C L M P G
J D A S C S R Y R S Z V L W Z D A D I M
I U S K N A T G D L T A I H T F X K L Y
O G A U E V O D K G L V P N R F W L O R
M Z T Y K D O B Z G O W O W Z K R Y F U
M F U D I F K K E L G B P F I O W P S V
Z Z R C M M O V H H K G R Y I U U P O X
Y L A K U E W F J D X G O M S O J H F B
Y O D I R E C I L G I R T V D F K M N K
W R A M S U E Q E B A F E T T V S V L P
S E V Q E E N O P F C H I D U U C Z E R
N T Z T A Y I M Q A R T N C I W I K M C
Y S X F A F Q F O Y P F A G B G R L A E
C E E R S Q Q F R E E A K Y C D Z Q W Q
D L V E J X F Q Z W X X E N Z Y M J L K
A O H O J L D C R I O I M Q Y G A H L X
G C Y W E X F N Y K B Q P N P H D X M S
```

Ácido graso Triglicérido Fosfolípido
Colesterol Lipoproteína GrasaSaturada
GrasaInsaturada

Química.Proteínas

```
C S X E Q Q A C R N Z Y E W U Y I L M B Q M
K W U G G L Q V N O Q F S M E Q X I G L I D
V A O Q A F E K N A Z A Z H S G S V M F T P
O P N H J U T Z B I M A U O B P V C J U E V
B C R O M U Q G K I V U I K Z J T N X P R J
Q C D P I K S I N D A C G H O P O U T H C K
Y B O T R C U O M O O E K C O M P I M A I Q
V W C I X I A R S Q S D R H Q K D L O O A H
G H O W U C M Z A H D X M T Q O Q V Z W R Y
X K X W I F W A I U S L F N W B V D Z Q I J
K R A D T Y G Y R L J P F F Y W U S H A A U
O U O Q S I M T A I A M L E F O Z R X G B N
C L K Y S E C U N D A R I A I K A A G L Q J
P P W M C W X D R L W Y U W C C U T T B M N
N Q N K Z D C N E P I U Q T N S G A B M T S
Q O V O M R T L T G W S Y R A Q U T B W W Z
P F Y R Y T C J A Q J E R T O N X W G N T X
X V P Z Q Y P R U M P O B E A K S L G J M N
H E X F G D W H C T I H Q J A A Y E L Z S Y
R O L I J D B V Y S G A H W L J Q F D Z Z V
L B C K C A R O B G Y M O Z R W V F S B S O
A S Z F R H V Q D P L T R L Y Z R T X S V K
```

Aminoácido Péptido Primaria
Secundaria Terciaria Cuaternaria
Desnaturalización

Q. Ácidos Nucleicos

```
Z J V Y Q P V B D Q B M F A K J E T
Q E Z A I K H K H V C D N W I N I Z
U W A G K V L S L H D E R V B N H N
X S L L G A N T P Y Z O N K N R V E
H L H W B D O D B Z E S H B B V T Q
S E Z U O D I T O E L C U N Y M R L
X X W N Z T C J E B B K G Z Q X A I
O M H S V C C J X T L R G R Q O N J
V D S O J A U E A R N E W J I P S M
F Z S H B N D A K R L P H Q D Y C C
F H Z R K M A L H P K L J E U T R Y
A D L L W P R Y D S U I E W L E I S
U T J L N I T L X U F C Z U C I P V
I M R V P K M Q D K K A E U K M C Q
T Y Z T P P Y S M W T C Y L H M I E
G M Q H C X A X P C E I C J I T O F
W H Y H W J E H Y F A O Q N I X N T
H C V D Z B T S C O Z N K M K S S H
```

ADN ARN Nucleótido
Doble hélice Replicación Transcripción
Traducción

Q. Antibióticos

```
E U X O C E Y I V Q S B M I L A W I V
T U O A N I L I C I N E P N N C I T G
E V P A M T P V U L S X Q E B Z E S K
I Q C B P P S R H A E Y J L I G Y B M
A A F J L T L A O W J I K M W Q Y U U
F N T A D W U I Q F I Z R Y I I N G Q
W I D A L W C V O O L T L G Q I F A E
F C M K A X M Q A E I O L E R Z N C E
R I F T T H G L J N S A X M G I C E Q
F M D X D Y U M D S C P F A C G P B R
S O V K G Q R P Z Y C O E I C J N X E
H T S C Z J O F Z J T Z M C G I Q I G
G P Y Q C V G Q D G L O H I T Q N A F
D E U H T S J B B Q R J O U C R W A F
W R S U J W X J C T T L U Z Q I O O F
Z T G D Y C C K I D R E I E F V N I M
X S E K T E T R A C I C L I N A H A X
O E N C X R E F T M T Z I R P M D C Z
D Y S M I P O K T F Q S L Z B R X W G
```

Penicilina Estreptomicina Tetraciclina
Ciprofloxacina Eritromicina Vancomicina
AmplioEspectro

Q. Antioxidantes

T	V	N	D	V	R	O	P	P	R	J	E	I	G	S	B	K
M	B	S	J	F	C	P	K	K	P	L	G	O	B	L	Y	B
K	Y	N	Y	P	A	Z	O	D	D	W	K	K	F	U	P	S
Z	Q	Y	H	O	C	Z	G	B	M	X	Q	L	G	S	H	W
T	C	F	S	A	T	A	D	X	J	K	H	R	L	W	X	I
Z	G	D	Q	Y	W	T	C	L	K	P	J	V	U	J	D	T
U	S	I	A	F	R	L	N	A	X	O	F	Z	T	V	M	N
X	N	W	M	R	F	M	V	C	V	L	V	J	A	Z	T	S
S	E	R	H	M	W	G	C	A	N	I	M	A	T	I	V	M
A	R	Q	B	A	Y	O	P	U	T	F	S	J	I	Q	Q	I
D	W	Q	S	B	G	M	C	A	J	E	I	R	O	C	D	X
K	Y	I	J	O	N	R	M	Z	Q	N	F	L	N	F	N	W
B	K	E	W	W	V	I	Y	O	V	O	F	H	J	O	A	E
L	D	F	O	I	N	E	L	E	S	L	N	C	S	U	K	T
C	B	E	T	A	C	A	R	O	T	E	N	O	M	S	J	V
H	U	C	E	X	R	Q	R	L	Z	S	D	G	O	H	V	J
G	C	Y	N	R	U	F	T	S	A	M	I	Z	N	E	F	A

Vitamina C   **Vitamina E**   **Betacaroteno**
Polifenoles   **Selenio**   **Glutatión**
Enzimas

Química. Chocolate

T	L	X	B	F	N	O	O	B	S	T	O	D	P	N	Z	F	Q	F
S	D	I	E	Q	H	G	B	M	M	Z	M	N	L	T	L	M	F	O
Z	L	Z	U	J	W	U	R	L	Y	I	Q	N	M	V	A	A	R	B
S	X	Y	R	Q	Q	S	N	Y	X	A	M	T	T	Q	F	Z	O	I
R	A	X	O	L	B	Z	T	W	E	Y	Y	P	Q	H	E	W	V	M
B	E	R	L	S	Z	T	N	B	K	C	H	O	T	T	N	S	R	H
V	T	H	C	M	K	J	D	C	D	B	D	L	D	Z	I	Z	R	M
S	D	R	L	W	A	S	V	P	H	S	Q	V	T	L	L	K	A	E
K	E	A	F	R	C	A	H	X	I	V	O	O	Q	C	E	N	H	Z
Q	G	D	C	L	P	R	J	F	E	B	U	C	C	T	T	P	W	X
H	U	T	I	L	K	P	W	W	J	D	Y	A	O	E	I	H	D	O
D	S	G	V	O	Y	O	A	R	V	M	U	C	C	I	L	I	R	F
H	T	J	U	V	N	H	S	H	W	I	Z	A	Y	T	A	O	O	F
J	A	P	E	H	N	O	C	C	M	N	C	O	H	C	M	Y	F	F
Q	C	W	Z	L	P	B	V	M	G	A	X	I	A	Y	I	I	G	M
I	I	Z	G	Q	R	R	P	A	C	I	P	H	D	I	N	L	H	K
F	O	Q	A	I	R	E	T	A	L	O	C	O	H	C	A	V	V	G
A	N	I	M	O	R	B	O	E	T	F	H	X	P	U	V	L	L	G
T	X	E	T	G	R	Y	W	P	W	X	Q	C	M	W	E	A	Y	F

Teobromina   **Feniletilamina**   **MantecaCacao**
PolvoCacao   **Flavonoides**   **Chocolatería**
Degustación

Química del Vino

W	N	H	Q	N	E	O	K	E	U	M	F	Z	F	H	D	Z
J	I	O	H	G	I	F	S	E	A	U	E	N	H	L	H	L
H	A	C	A	L	R	N	H	O	N	C	V	T	J	S	R	A
E	M	J	V	O	M	B	B	T	R	O	D	V	W	J	S	B
G	S	V	C	M	A	C	Q	M	H	U	L	G	S	N	I	J
H	A	Y	G	Z	L	F	I	H	E	O	F	O	C	M	L	K
W	N	H	A	V	T	P	D	A	A	H	Q	L	G	J	S	L
E	I	P	S	W	X	L	K	W	S	T	P	W	U	O	C	V
W	N	F	E	R	M	E	N	T	A	C	I	O	N	S	R	Z
J	A	R	E	U	G	F	Q	I	E	G	K	I	Y	H	D	V
N	I	W	V	B	C	E	K	M	O	C	N	I	S	J	P	I
F	C	A	T	K	O	B	K	C	C	A	T	A	D	O	R	K
A	O	E	B	F	P	Q	F	O	T	X	M	J	J	C	S	I
T	T	O	V	F	L	D	V	M	A	O	K	E	P	D	E	H
H	N	M	A	H	R	N	P	M	R	Q	F	S	G	M	N	F
Y	A	T	Q	Q	Z	C	O	A	Y	M	R	R	G	K	Q	G
V	B	U	N	M	X	W	X	L	G	T	F	H	A	V	B	C

Taninos   **Antocianinas**   **Aromas**
Fermentación   **Sulfuroso**   **Enólogo**
Catador

Biodegradables

A	P	P	A	R	I	Z	F	C	E	O	T	J	N	A	Z	S	A	M	Y	U	H	R	K	U
E	Z	J	D	R	R	U	P	U	U	V	H	W	O	R	M	M	X	Y	Z	K	U	G	V	R
R	F	W	Z	N	S	E	Q	D	W	L	R	S	J	L	V	X	X	A	U	Y	R	K	Q	H
K	B	A	F	B	G	L	T	B	B	B	K	H	P	F	V	V	A	A	G	G	L	N	O	B
Q	P	S	P	O	L	I	H	I	D	R	O	X	I	A	L	C	A	N	O	A	T	O	P	K
G	V	V	L	V	G	D	O	E	O	E	W	A	C	W	K	O	V	O	V	A	H	D	G	Z
Y	B	N	R	P	E	F	L	K	R	H	G	H	N	P	U	J	I	T	U	J	P	I	U	A
U	V	Q	J	S	X	O	A	E	G	N	N	C	I	G	L	M	Z	C	Q	W	Z	M	S	J
M	F	M	E	B	E	C	Q	X	U	Z	M	D	L	A	T	W	O	A	I	T	A	L	C	U
M	D	E	K	D	B	Q	U	O	Y	L	X	R	E	S	S	B	B	L	F	H	V	A	E	Y
W	O	S	F	O	R	R	O	H	G	D	U	A	U	H	B	N	M	O	W	F	E	D	M	H
G	H	I	I	J	Q	E	V	X	Q	C	X	S	H	P	M	Q	Q	R	Z	L	A	O	L	F
E	D	A	B	C	V	P	V	W	N	Z	D	H	B	Q	A	Y	U	P	B	B	K	G	M	Q
Z	G	T	R	R	T	S	W	O	B	I	O	D	E	G	R	A	D	A	C	I	O	N	L	T
I	B	Z	V	W	E	Y	A	Y	N	C	H	P	T	C	S	G	O	C	V	R	O	G	M	J
F	N	S	M	A	A	T	C	V	N	E	V	G	Z	L	H	O	H	I	U	S	X	T	K	R
N	P	K	B	C	T	P	S	A	K	B	L	E	I	R	I	F	O	L	D	R	Y	F	S	P
I	N	C	U	Y	H	J	I	E	V	E	G	I	C	E	P	H	S	O	X	P	O	N	Z	T
F	W	N	P	I	R	D	D	B	I	U	H	H	T	P	T	K	I	P	Q	W	X	B	W	I
B	X	A	R	S	K	Y	K	O	B	L	S	M	Z	E	K	Q	S	O	V	W	O	I	J	N
M	B	P	D	A	G	Q	T	R	W	K	O	F	V	H	I	Y	J	Z	Q	Y	F	N	I	Y
R	W	X	V	V	M	S	A	C	I	D	O	P	O	L	I	L	A	C	T	I	C	O	G	Z
H	P	N	E	W	S	H	W	S	M	Z	L	L	J	Z	P	C	O	H	Z	G	H	M	N	T
G	P	J	D	E	Z	N	V	F	A	X	N	B	X	S	H	U	K	P	E	T	J	W	U	B
I	E	V	J	Z	J	X	Z	E	H	C	O	Q	C	O	Y	G	C	X	W	S	R	G	E	Y

Polihidroxialcanoato   **PoliésterBio**   **Policaprolactona**
ÁcidoPoliláctico   **PolietilenoVerde**   **Almidón**
Biodegradación

Química del Grafeno

```
X L Q F R D E Q H N M X S V Y S D R L N M K V
J O V P W Q M L U X C V E D K M H A R V K F F
G L K A J T D M A K P E R R A H F F A S V J C
J R Y J O F K R I N F Z O W T V H V H G P V Z
P S M X M D C W K Z O S D M S T R J U P E I M
S Y H U V P A S J O C I A Q H E O W D Z Z E N
X S R F C L N Z D A R A S N N I D F K X S W C
K E S P T V O C I B P R N N S Y T A X B G S M
I A A S P S S X M L L T E D E H Q J Z U Q X W
D M E F X Q G K I E A B D J T M S K H K N B W
I S G P Y B I C P D W N N U F P I X F N K F N
A D B V B P A D S T O G O H I B G D K R T R G
H O K C Y C K Y P M S V C I P W E L I O E G I
E V O A I E X O I K C C R F C B X O R R G M T
M Z A O Y X G L T U P B E W F N C K J X T W U
V M N C N J S V J L J P P Y J A U Y E L D J L
Z E T E K F D C X G C B U Y P N K F Z Z Q Y J
S A T T J L K S J T C Q S Z U O D G V F G R C
J H R E M U A U C H X S X K D T G J L B V M N
Q K M C X M I B L R R U V E V U O Z O W O G T
E J T I N K G S N H Q A B I K B J D T D E X M
O N J N C M N Z H X A D R V S O L X N D U B E
V R Y B J X C A P A V A R F U S Q G A R O K Y
```

Capa
Tridimensional
Aplicaciones

Óxido
Funcionalizado

Nanotubos
Supercondensadores

Q. Bioplásticos

```
V O G Z J K P B J M L F S H A P K L T E K P W C
A D M H C I N X Q X U J M X F I T V K R C J B J
Z F P H G I T R U P E J A K O S F B B O A S W Y
B M F O G V Z W T H V G P A B Z M X B E M S H L
G T V P L P O L I E T I L E N O V E R D E W N O
Z D T D F I M I G Z V X T W T S H G K K W Q
A X F L P L H A I S A P H V Q M G S G G S P D H
G C P X I O H I E Z C V C U Q D A F Y B Z J J Y
P T K K N W L T D R I W I J G O C X U V R P N W
H W A Q W I C I V R D D P G A U H G E F U T A Q
K J A D H C B Y P N O I C A D A R G E D O I B P
F T A U A G Z Y Z R P X S R S J U E Y K T T P X
W N B L A S H G C P O X I N H O J B P S E O O R
Y G A F J Z D W D W L P L B N I G J N E X K W Z
O W P U Q P N U I G I Z I E U Q V I N L T V L K
R T D I Q O R P A T L X V L Q T C A A B Z Q V J
P M C V D O Q T K J A O W X E N I S W I P W C O
T D L I D Y D V X Z C Q I C Q N L R T N B Q T R
O F M C Y V D U K A T Y V U T C O T A E U P V Z
N L Y K E B N G G J I E I U S Y I B H T R B V Y
A C O B I V U V K N C H Z I G U Q U I S O P D X
U G J M W P A U B Y O J W C L T W G S O J X Z A
C G G D V O P M X B N Y F F W H V I Z S A Z U S
R M N U H X Y D S L O V F M D J E R D A Q J A M
```

ÁcidoPoliláctico
PolipropilenoBio
Sostenibles

Polihidroxibutirato
Almidón

PolietilenoVerde
Biodegradación

Q. Nanomateriales

```
W M Z D E N D B O X P C A P Y N D V Z
N W O Y Q F I D H G I V N A X H W P C
D B S U D S K S K V A D A D D S K N S
C N E Z B G O O X S N Z N M A H N J A
D X P E N F R T I Q O C I C H Q B N L
Q M J V I A R I S A F C C K V O N I U
U D T K A E N S M E F J I Z K H F M C
B G L F I A F O K H U E D L N G H R I
M M W J J H Y P T N A P E L A C C J T
F D Z V B K K M T E F W M R S T U R R
F J D M T V H O B Z C U Z O J T E K A
A M Y W B Z P C S W P N B L C V O M P
H W J H A R E O O V A U O X N O C D O
Z E E E Y I U N R Z T F I L Z H N U N
B C Z O G V C A D O I O G E O F B A A
W J Z J A X I N N Z J W V F O G G E N
U E Z S M R L A E V G C X T P M I M Z
A E N D I U N D F W M I V U K V Z A H
T O Y C Q Q M G F L K W M T Q C L C O
```

Nanopartículas
Nanocompósitos
Medicina

Nanotubos
Nanotecnología

Nanocompuestos
Metálicos

Q. Nanocatalizadores

```
N C O N L M L E V V L F K V K D F D Z K
D P E S C A T A L I S I S E Y R J S P A
Z Q Q E V X E C X K J Z W O K F A D M R
A A P N G R F N D O W J B Q P L W Y H E
S X E O A W M U A N F F I Z U W I V F R
E A S I Q P Z M R A O H W C A N L I L O
E Y J C R M L C L N B N I J T X C L V O
W R U C I R C I N O P T C U H I N L E Q
O I Q A Q J D S C C R W Z H E J Q E P S
Z V J E T Z B O I A V S Z N I Y S H J L
R B M R Z S W P P T C H C N W Y Q P D H
M W F C T L F O H A L I A W G S S F R V
L B T B L C N R T L A C O O I L Y X F B
J X W V X A P T I I I B E N N V J Y G G
O E V Z N N L E B Z D U X X E R Y B J A
B H Z M P Y X O S A P O D D H S C E C J
L Q C D M F A K X D F M Y J K K G F W U
S Q F O T Y J B S O G R V Z E X D E E M
Y U W M J X M A A R N F Q L I R U N A S
C Y E L I N W I J D H J I F I D C V K W
```

Catálisis
Reacciones
Aplicaciones

Nanocatalizador
Nanopartículas

Soporte
Eficiencia

Q. Biocombustibles

```
W Q K L T L Z X M M I Q R F O B Q Z O
F U Y E N B B K N R B Q R R O T M I T
S L Q T Z K O L N Y F F I G Q S X T J
Z P B T W L W B X I G Y W P O E K X Z
T M S I C M T K D I W J G S U J B A H
E P H N O H K Z Y E L E T R P K I F L
F R G R I C U S B F W E B A A M O N O
I Z K E Q Z O T E U N A J I Q H M D N
O Y T J L K E M Q I S Q Q F O G A Y A
M L C Q M K S P B J Z U P H U G S T T
Z P U Y D B N L L U C V A E H A A D E
L I X W M G E P G V S A K Q G L O S O
M A R L E O I I M C E T Q I W O N H I
W Z V J R T R Z K K K C I U C N M Q B
J K L C L N Y K J X Q V A B M A V E T
F S N J H N B I O D I E S E L T S L E
R L X Y G P Z L X T W K N C K E O Z L
M V N M J K O P A G X W J C C Y C H P
K M I B L A B K N M I K P G W M T G K
```

Etanol   Biodiesel   Biogás
Bioetanol   Biomasa   Sostenible
Biocombustible

Ferroeléctricos

```
H M E N P P O D R K T S B P N M M T J I U U
J N O L P H F S A G G B O Z V I H H P N K L
B G P N E O M P E U Q U G Y I X N N P R L V
M B B I X K X A D O B C K X F Z G P O I S U
S T E L E C T R O N I C A O A T T S D O Z Y
K E W P U Z M P V L P A O F L H D W A M H S
J Q Z R S Y O Q A J C P P Y M K S O L G D U
N X G F S B J E U A G T J R T O S R W X P A
P L D K C O W L L T H C F U C N O E N A S T
E E Z X Y W C B L E N X T I B V K A Z H W
M H X F Y P A I A T C B R A C Y I G I J L F
J T H B W Q K Q C N Y T M Z X X T T S U P J
S Y E G B E X X I P C O R S A E I C X O X W
D N X D F X I K H E D S C I W L S Z V D Y Z
U M Z D J V J R L W W E X H C J O U T V H I
O J W D G Z M E U Y Z A L N D O P I W X G N
M A J S Y L O O G C C L I A V D S G S A M C
N Y V S T R P I S M O Z T G W P I U F W W D
C Z F E R R O E L E C T R I C I D A D H N V
U T H E M Q T P F J H P N E Y Z M F K U Z Q
Y X F A N X P F Q T N X U U W J T E F B B F
N I R F Q S G F T C J U X V P I K B D W W Q
```

Ferroelectricidad   Ferroeléctricos   PuntoCurie
Domains   Piezoeléctrico   Electrónica
Dispositivos

Q. Termoeléctricos

```
Y D E S J M Q E J F V T A S S P Q N M V E Y
R K I E F I C I E N C I A T E R M I C A X Z
A Q P Z J J J U L C Q A Y J R E G L C U K X
A X G L W I U L G J O V A I O J U R H E Y P
Y B H R Z W P Q B U K P N D D W P R Y B W K
O K L X O R U V R M T Z R A A C X A P V H Z
P W A W F H N T C H X U I D R P S U T Y B Z
N N Z R S D H J S M U G B I E Y A J A W I V
A G K K Z D S N T D R J K C N F F C K R H L
V K R F Z K N S W E T E D I E G I V S C Z P
C T K W L P A A N G X N F R G R R W D Z B I
Z J L T R D V E Q H Y Z E T T X S J H M H G
H K X A O C W R T W L Y Z C F D X V B M M U
O Z V C M R S I A I P N E E E P U P V S A L
G N O I S R E V N O C L H L J I T V E H O H
W E A B T W A A B N E R D E T Y U T B Y I C
U T L Y G R D Y U O H T T O O O I C I E C N
L A X O S B H P M S I M W M O P V D A F D F
R C G D U J E R J M A T E R I A L E S X C V
I J T C I S E L U E Z F T E D W Q G T J G N
H Y Q S K T H J G E P P E T M Z T U R H O H
X R R P W W S N V G D O D A D O X V J J E U
```

Termoelectricidad   Materiales   EficienciaTérmica
Generadores   Energía   Conversión
Termoeléctrica

Q.Material Magnético

```
C J P T M E M O R I A M A G N E T I C A P Á C P
H J J K B M B L V X L O U V H Z V M P E D I P D
W J K G P W X U R L X N J Y S Z E R A M N G Q K
A W E Y L H P H S O B O A U G X V F W C Z O Q P
X D T V S X K A D N M M G R Q S N E D H W L A S
T U H Y Z R E F V I D S H I U P M S C C T O Y M
N Q K O L B K P U K C I I N U R R A I S V N V O
K R Q E L M O S H F L T O T P M Q Z U A F C F B
O I D R C J W B L P K E J E E T C N G F W E P X
Z J G B W W U O R G A N M K F N Q G M T R T V Q
V N E S C F Y S S L J G M D Y F G M W R G V L I
C X R X Q G A M A M B A U D V O H A O Y W Z C L
P W N Y X M Z A A T W M B Z L N A M M P P Y W X
M Q H J N G G R U T I O R E L C A D K W M R Y K
G D I M L O M D N A E R P D W G P Y J I U B V Q
H Y M P C X L R W H F R R G N M N O C O J K Y R
Q I G C M G H Q H M I E I E S Q C L G S D R E U
W T Z J X G D J V A Z F T A F V G V J S F L Z I
D K V P H D E Q C P B I P A L R Q H F U V O L D
B A Y G F S O J P G S T C Y O E E G W N W A C A
H V N Q T G T O O M Z N W Q R I S B S U N N P L
R M J V T J D Q O O A A D N Y K C V Y Y Q J P Q
T J V G S V I J W W B C W I G F C M W Z V V S R
P G V Z M L N L Y U L Q C X W H F T H Z S M G N
```

Magnetismo   Materiales   Ferromagnetismo
Antiferromagnetismo   Ferritas   Tecnológía
MemoriaMagnética

Material Fotovoltaico

U	T	J	P	B	F	R	Z	U	S	F	C	A	I	B	F	H	I	O	V
L	V	U	R	L	M	L	J	L	I	T	X	G	C	A	O	Y	W	J	L
N	N	G	V	G	Z	Q	M	G	L	I	E	R	D	B	Y	T	Y	R	K
M	I	A	P	S	V	E	F	K	I	C	J	U	G	A	F	L	B	J	Y
Z	C	L	L	H	Y	V	P	C	C	S	R	M	E	M	F	D	N	W	P
C	Z	B	E	A	I	C	N	E	I	C	I	F	E	D	Z	E	Z	F	E
Q	X	J	A	C	I	A	T	L	O	V	O	T	O	F	S	D	M	S	Y
B	S	D	B	Q	X	Z	H	D	S	R	Y	I	G	C	N	U	O	D	S
A	A	D	A	G	L	E	D	A	L	U	C	I	L	E	P	M	B	D	A
X	R	R	F	L	R	A	J	O	E	F	Y	T	X	L	D	Z	Y	B	H
B	N	Q	U	D	F	X	S	R	F	T	L	E	T	U	U	B	X	A	O
T	J	L	M	V	N	T	U	G	N	Z	X	V	R	L	F	Z	S	Q	M
U	E	G	Z	K	H	E	V	A	O	Z	V	F	Q	A	L	S	D	X	K
L	N	Z	D	M	P	I	W	N	I	C	F	S	A	S	R	O	O	U	D
Q	T	F	N	X	C	U	A	I	G	R	E	N	E	O	E	Y	U	D	U
D	Q	M	B	Y	L	K	U	C	K	M	I	T	P	L	G	T	T	R	M
W	X	M	Y	D	N	M	O	A	L	Y	Y	M	Z	A	N	U	D	J	I
Z	Q	H	O	L	A	H	S	M	K	J	J	L	Q	R	R	P	D	J	D
G	C	O	X	S	M	F	D	U	W	V	S	T	R	S	R	Y	C	V	V
N	D	P	K	N	Q	M	Y	F	D	J	C	F	L	Z	N	X	V	Y	I

CélulaSolar   Silicio   PelículaDelgada
CeldaOrgánica   Fotovoltaica   Energía
Eficiencia

DICCIONARIO:

Aceite Esencial: Extracto natural altamente concentrado que captura los compuestos aromáticos de plantas. Los aceites esenciales se utilizan en aromaterapia, perfumería y en la fabricación de productos de cuidado personal.

Acidificación Marina: Cambio en la química del agua del mar que resulta en un descenso del pH. Principalmente causada por la absorción de dióxido de carbono atmosférico, este fenómeno puede tener efectos negativos en los organismos marinos, especialmente aquellos con conchas o esqueletos de carbonato de calcio.

Ácido (Química del Colorante): Los colorantes ácidos son aquellos que se aplican mejor en materiales con carga básica, como lana y seda. Se utilizan comúnmente en la tintura de textiles.

Ácido Acético (CH₃COOH): También conocido como ácido etanoico, es un componente importante del vinagre. Se utiliza en la industria alimentaria y química y es esencial en la fabricación de productos como plásticos y fibras.

Ácido Cítrico: Un ácido débil presente en cítricos como limones y naranjas. Ampliamente utilizado en la industria alimentaria como regulador de acidez y agente conservante. También se utiliza en la producción de productos de limpieza y cosméticos.

Ácido Clorhídrico (HCl): Un ácido fuerte que se encuentra en el estómago humano y desempeña un papel crucial en la digestión. Además, es utilizado en la industria para la limpieza y en la producción de cloruro de hidrógeno.

Ácido Graso: Los ácidos grasos son moléculas formadas por cadenas de carbono con un grupo carboxilo en un extremo. Son los componentes básicos de los lípidos y pueden ser saturados (sin enlaces dobles) o insaturados (con enlaces dobles).

Ácido Poliláctico (PLA): El PLA es un bioplástico derivado de fuentes renovables como el almidón de maíz o la caña de azúcar. Es biodegradable bajo ciertas condiciones y se utiliza comúnmente en envases, productos desechables y textiles.

Ácido Sulfúrico (H₂SO₄): Un ácido fuerte y altamente corrosivo que es esencial en numerosos procesos industriales. Se utiliza comúnmente en la fabricación de fertilizantes, detergentes y en la industria petroquímica.

Ácido: Una sustancia que puede donar iones de hidrógeno (protones) a otras sustancias. Los ácidos típicamente tienen un sabor agrio y pueden corroer ciertos metales.

AdenosínTrifosfato (ATP): El ATP es una molécula que almacena y libera energía en las células. Es esencial para procesos biológicos como la síntesis de ADN, la contracción muscular y el transporte celular de energía.

Aditivo: Sustancia agregada a los alimentos para mejorar su sabor, textura, color, conservación u otras características. Los aditivos pueden ser naturales o sintéticos.

Aditivos: Sustancias agregadas a los alimentos con el propósito de mejorar su sabor, textura, apariencia o duración. Pueden incluir conservantes, colorantes, estabilizadores, entre otros.

ADN (Ácido Desoxirribonucleico): El ADN es la molécula que almacena la información genética en las células. Consiste en dos cadenas complementarias que forman una doble hélice. Las bases nitrogenadas en el ADN son adenina (A), timina (T), citosina (C) y guanina (G).

ADN (Ácido Desoxirribonucleico): El ADN es la molécula que lleva la información genética de los organismos. Está compuesto por dos cadenas de nucleótidos entrelazadas en una estructura de doble hélice. La información genética se transmite a través de la secuencia de nucleótidos.

ADN: La identificación mediante el análisis de ADN es una herramienta poderosa en la química forense. Permite establecer vínculos genéticos entre individuos y puede utilizarse para identificar a personas a través de restos biológicos.

Adsorción: Proceso mediante el cual moléculas o átomos se adhieren a la superficie de un sólido o líquido. Esto puede ocurrir debido a fuerzas químicas o físicas.

Aerosoles: Partículas sólidas o líquidas suspendidas en el aire. Pueden ser naturales (polvo, polen) o resultar de actividades humanas (partículas contaminantes). Tienen un impacto en la calidad del aire y en procesos climáticos.

Agua Pesada: El agua pesada es una forma de agua en la cual tanto los átomos de hidrógeno como el oxígeno contienen isótopos pesados. En lugar de H_2O, el agua pesada es conocida como D_2O, donde el deuterio reemplaza al hidrógeno ordinario.

Agua Potable: Se refiere al agua que es segura para el consumo humano. El agua potable debe cumplir con estándares específicos para garantizar su pureza y ausencia de contaminantes perjudiciales.

Alcano: Los alcanos son hidrocarburos saturados que tienen enlaces simples entre átomos de carbono y tienen una estructura lineal o ramificada. La fórmula general es CnH_{2n+2}. Ejemplos comunes incluyen el metano, etano y propano.

Alcano: Un hidrocarburo saturado que contiene enlaces simples carbono-carbono. La fórmula general de los alcanos es CnH2n+2 y tienen una estructura lineal o ramificada.

Alcohol: Compuesto orgánico que contiene un grupo hidroxilo (-OH) unido a un átomo de carbono. Los alcoholes pueden ser primarios, secundarios o terciarios según la cantidad de átomos de carbono unidos al átomo de carbono con el grupo hidroxilo.

Aldehído Cinámico: Compuesto orgánico que proporciona un aroma dulce y agradable, a menudo asociado con la canela. Se utiliza en la industria de alimentos y perfumes.

Aldehído: Compuesto orgánico que contiene el grupo funcional -CHO. En un aldehído, el grupo carbonilo está unido a al menos un átomo de hidrógeno.

Aleación Dorada: Una aleación dorada es una mezcla de oro con otros metales, como cobre o plata, para mejorar sus propiedades mecánicas y cambiar su color. Dependiendo de la composición, se pueden obtener distintos tonos dorados.

Algas: Organismos fotosintéticos que pueden variar en tamaño desde microscópicos hasta macroscópicos. Son fundamentales en la cadena alimentaria marina y desempeñan un papel crucial en la producción de oxígeno y la absorción de dióxido de carbono en los océanos.

Alimentario (Química del Colorante): Colorantes seguros para el consumo humano que se utilizan en la industria alimentaria para mejorar la apariencia de alimentos y bebidas. Estos colorantes deben cumplir con normativas específicas de seguridad alimentaria.

Almadén: Almadén es una localidad en España que ha sido famosa por sus minas de cinabrio y su producción histórica de mercurio. La palabra "Almadén" a menudo se asocia con la minería de mercurio.

Almidón (bioplásticos): El almidón es un polisacárido que se encuentra en plantas y se puede utilizar como materia prima para la producción de bioplásticos. Los bioplásticos basados en almidón son biodegradables y se utilizan en envases y productos desechables.

Almidón: El almidón es un polisacárido que sirve como forma de almacenamiento de energía en las plantas. Se encuentra comúnmente en alimentos como papas, arroz y cereales. Se utiliza para fabricar materiales biodegradables, especialmente bolsas y envases.

Alótropos: Los alótropos son formas diferentes de un elemento químico, en este caso, del carbono. El carbono tiene varios alótropos conocidos, como el grafito, el diamante, los nanotubos y el grafeno.

Alqueno: Los alquenos son hidrocarburos insaturados que contienen al menos un enlace doble carbono-carbono. Su fórmula general es CnH_2n. Ejemplos incluyen el eteno y el propeno. Presentan geometría plana debido al enlace doble.

Alquino: Los alquinos son hidrocarburos insaturados que contienen al menos un enlace triple carbono-carbono. Su fórmula general es CnH_{2n-2}. Ejemplos incluyen el etino y el propino. Presentan geometría lineal debido al enlace triple.

Alúmina: La alúmina es el óxido de aluminio (Al2O3) y es un componente clave en la producción de aluminio. Se obtiene a partir de la bauxita y se utiliza en la fabricación de aluminio, abrasivos y refractarios.

Amalgama: Una amalgama es una aleación que implica la combinación de mercurio con otro metal. Las amalgamas de mercurio han sido históricamente utilizadas en odontología y en la extracción de oro de minerales.

Amblygonita: La amblygonita es un mineral que contiene litio, aluminio y fósforo. También se utiliza como fuente de litio.

Amida: Compuesto orgánico que contiene el grupo funcional -CONH2. Las amidas son derivadas del ácido carbónico y se forman por la reacción de un ácido carboxílico con una amina.

Aminoácido (Química. Proteínas): Los aminoácidos son los bloques de construcción fundamentales de las proteínas. Cada aminoácido tiene un grupo amino, un grupo carboxilo y una cadena lateral única. La secuencia de aminoácidos determina la estructura y función de una proteína.

Amplio Espectro: Este término se refiere a antibióticos que son efectivos contra un amplio rango de bacterias, tanto grampositivas como gramnegativas. Son útiles cuando la identificación precisa del patógeno no está disponible.

Análisis de Fibras: La identificación y análisis de fibras textiles presentes en la escena del crimen o en prendas de vestir pueden proporcionar información valiosa en una investigación.

Análisis Sensorial: Evaluación de las propiedades organolépticas (olor, sabor, textura, apariencia) de los alimentos. Se realiza a través de pruebas sensoriales realizadas por paneles de catadores para evaluar la calidad y aceptación de los productos alimenticios.

Anglesita: La anglesita es un mineral de sulfato de plomo ($PbSO_4$). Puede formarse como producto de la oxidación de la galena u otros minerales de plomo.

Antiferromagnetismo (Q. Material Magnético): El antiferromagnetismo es otra propiedad magnética donde los momentos magnéticos de los átomos se alinean en direcciones opuestas, lo que resulta en una cancelación neta del campo magnético macroscópico. Este comportamiento es más complejo y menos común que el ferromagnetismo.

Antocianinas: Son pigmentos responsables del color rojo, púrpura o azul en las uvas y, por ende, en el vino tinto. Estos compuestos antioxidantes también contribuyen a la complejidad aromática y al sabor del vino.

Aplicaciones (grafeno): Debido a sus propiedades únicas, el grafeno tiene aplicaciones potenciales en una variedad de campos, como la electrónica, la nanotecnología, la medicina, los materiales compuestos, la energía y más. Se utiliza en la fabricación de dispositivos electrónicos, sensores, materiales compuestos, recubrimientos conductores, baterías y muchos otros campos de investigación y desarrollo tecnológico.

Aplicaciones (Q. Nanocatalizadores): Se utilizan en una variedad de aplicaciones industriales, incluyendo la producción de productos químicos, síntesis de fármacos, purificación de gases, procesos de conversión de energía, y más.

Arcilla (Química del Suelo):: La arcilla es una fracción del suelo compuesta principalmente de partículas extremadamente pequeñas. La presencia de arcilla afecta las propiedades físicas y químicas del suelo, incluida su capacidad para retener agua y nutrientes.

Argón (Ar): Como gas noble, el argón es incoloro e inodoro. Aunque es relativamente abundante en la atmósfera, se utiliza en procesos industriales, como la soldadura, donde su inertividad es beneficiosa.

ARN (Ácido Ribonucleico): El ARN es una molécula relacionada con el ADN que desempeña un papel crucial en la síntesis de proteínas. Hay varios tipos de ARN, incluyendo el ARN mensajero (ARNm), ARN ribosómico (ARNr) y ARN de transferencia (ARNt).

ARN (Ácido Ribonucleico): Similar al ADN, el ARN es esencial para la síntesis de proteínas y actúa como mensajero entre el ADN y las estructuras celulares que producen proteínas.

Aromas: Los aromas del vino son el resultado de una variedad de compuestos volátiles. Estos pueden derivar de la uva misma, la fermentación, la crianza en barrica y otros procesos. Los catadores identifican matices como frutas, flores, especias y notas terrosas.

Aromático: Los compuestos aromáticos son hidrocarburos cíclicos conjugados que exhiben estabilidad adicional debido al sistema de enlace π. Un compuesto orgánico que contiene un anillo de seis átomos de carbono conjugado con dobles enlaces alternados. Un ejemplo clásico es el anillo de benceno. Los compuestos aromáticos suelen exhibir estabilidad y reactividad distintivas.

Aromatizante: Sustancia que se agrega a alimentos, bebidas, productos de cuidado personal, etc., con el propósito de conferirles un olor agradable. Los aromatizantes pueden ser naturales o artificiales.

Aromatizantes: Sustancias que se agregan a los alimentos para proporcionarles un aroma específico o mejorar su fragancia. Pueden ser naturales (extractos de plantas) o artificiales.

Arseniato de Plomo: El arseniato de plomo es un compuesto que contiene plomo y arsénico. Existen varios arseniatos de plomo, y estos compuestos pueden formarse en yacimientos minerales.

Astato (At): El astato es un elemento radiactivo y escaso del grupo de los halógenos. Su presencia en la naturaleza es limitada, y se obtiene sintéticamente en laboratorios.

Átomo: La unidad más pequeña de un elemento químico. Está compuesto por un núcleo central que contiene protones (cargados positivamente) y neutrones (sin carga), y orbitado por electrones (cargados negativamente). La cantidad de protones determina el número atómico y, por lo tanto, la identidad del elemento.

Aurostibita: La aurostibita es un mineral que contiene antimonio y talio. Forma cristales prismáticos y se encuentra en depósitos de minerales metálicos.

Autoensamblaje: Proceso mediante el cual las moléculas se organizan espontáneamente para formar estructuras más grandes y complejas sin intervención externa.

Autoorganización: Fenómeno donde las moléculas se organizan de manera espontánea y ordenada, formando patrones y estructuras específicas sin intervención externa.

Autunita: La autunita es un fosfato de uranio y calcio que forma cristales prismáticos. Puede tener varios colores, incluido el verde y el amarillo, y es un mineral secundario en depósitos de uranio.

Azurita: La azurita es un mineral de carbonato de cobre ($Cu_3(CO_3)_2(OH)_2$) que se presenta en forma de cristales de color azul profundo. A menudo se encuentra asociada con la malaquita y es un mineral popular en colecciones.

Base Débil: Similar a las bases fuertes, pero tienen una capacidad limitada para aceptar protones. Ejemplos incluyen el amoníaco (NH_3) y las aminas.

Base Fuerte: Una sustancia que puede aceptar protones (iones de hidrógeno) en solución acuosa. Las bases fuertes, como el hidróxido de sodio ($NaOH$) y el hidróxido de potasio (KOH), tienen una alta capacidad para neutralizar ácidos.

Base: Una sustancia que puede aceptar iones de hidrógeno (protones) de otras sustancias. Las bases típicamente tienen un sabor amargo y tienen una sensación resbaladiza al tacto.

Básico (Química del Colorante): Los colorantes básicos son eficaces en materiales con carga ácida, como lana y algodón. También se emplean en la coloración de productos alimenticios y medicamentos.

Bauxita: La bauxita es una roca sedimentaria rica en minerales de aluminio, principalmente gibbsita, boehmita y diásporo. Es la principal mena de aluminio y se utiliza como materia prima en la producción de alúmina.

Betacaroteno: Es un carotenoide que se convierte en vitamina A en el cuerpo. Funciona como antioxidante y es importante para la salud de la visión, la piel y el sistema inmunológico.

Biocatálisis: Implica el uso de enzimas u otros sistemas biológicos para facilitar y acelerar reacciones químicas. Esta estrategia puede ser más sostenible y respetuosa con el medio ambiente que los catalizadores químicos tradicionales.

Biodegradable: Se refiere a materiales o sustancias que pueden descomponerse en componentes más simples a través de procesos naturales, generalmente por la acción de microorganismos, sin causar daño al medio ambiente.

Biodegradables: Los materiales biodegradables son aquellos que pueden descomponerse y descomponerse naturalmente mediante procesos biológicos, generalmente microorganismos como bacterias o enzimas, en sustancias más simples y no perjudiciales para el medio ambiente. juegan un papel importante en la búsqueda de alternativas sostenibles a los plásticos convencionales y otros materiales no biodegradables. Su uso ayuda a mitigar la acumulación de desechos y a reducir el impacto ambiental.

Biodegradación: Es el proceso natural mediante el cual los microorganismos descomponen materiales biodegradables en componentes más simples, como agua, dióxido de carbono y biomasa. Este proceso contribuye a la reducción de residuos y al impacto ambiental.

Biodegradación (Bioplásticos): La biodegradación es la capacidad de un material para descomponerse mediante la acción de microorganismos, como bacterias y hongos, en condiciones específicas. Los bioplásticos son diseñados para ser biodegradables, lo que reduce su impacto ambiental en comparación con los plásticos convencionales.

Biodiesel (Q. Biocombustibles): El biodiesel es un combustible líquido producido a partir de aceites vegetales, grasas animales o aceites reciclados. Puede utilizarse como sustituto total o parcial del diesel convencional y es conocido por su menor impacto ambiental.

Bioensayo: Un ensayo biológico que evalúa la respuesta de sistemas vivos (como células u organismos) ante la exposición a una sustancia. Los bioensayos son fundamentales en la evaluación de la toxicidad y eficacia de los compuestos en el ámbito de la química medicinal.

Bioetanol (Q. Biocombustibles): El bioetanol es un tipo específico de etanol producido a partir de fuentes biológicas, como cultivos de caña de azúcar, maíz o celulosa. Su uso está relacionado con la reducción de las emisiones de gases de efecto invernadero en comparación con los combustibles fósiles.

Biogás (Q. Biocombustibles): El biogás es un combustible gaseoso producido mediante la descomposición anaeróbica de materia orgánica, como residuos agrícolas, estiércol o residuos sólidos orgánicos. Se compone principalmente de metano y dióxido de carbono y puede utilizarse para generar electricidad o como combustible para vehículos.

Bioluminiscencia: Fenómeno químico en el cual los organismos vivos, como ciertos tipos de plancton y medusas, emiten luz. Es común en las profundidades del océano y tiene funciones diversas, como la atracción de presas o parejas.

Biomasa (Q. Biocombustibles): La biomasa incluye materiales orgánicos renovables, como residuos agrícolas, madera, residuos sólidos urbanos y cultivos energéticos. Puede ser utilizada directamente como combustible o convertida en biogás, bioetanol u otros biocombustibles.

Biopesticida: Un biopesticida es un pesticida derivado de materiales naturales o basado en organismos vivos, como bacterias, hongos o extractos de plantas. Son alternativas más respetuosas con el medio ambiente en comparación con los pesticidas químicos sintéticos.

Bioplásticos: Los bioplásticos son materiales plásticos que se derivan de fuentes biológicas renovables en lugar de depender de recursos no renovables, como los combustibles fósiles. Representan una alternativa más sostenible a los plásticos convencionales y son objeto de investigación continua para mejorar sus propiedades y aplicaciones. Su adopción puede contribuir a reducir la dependencia de los combustibles fósiles y mitigar los problemas asociados con los residuos plásticos en el medio ambiente.

Bioquímica: Es la disciplina científica que se encarga de estudiar las sustancias químicas y los procesos que tienen lugar en los organismos vivos. Examina las estructuras, funciones y relaciones moleculares que ocurren en células y tejidos.

Biorrefinería: Similar al concepto de una refinería convencional, pero utiliza biomasa (como plantas y residuos agrícolas) como materia prima para la producción de productos químicos, biocombustibles y otros productos.

Biotecnología: Campo que utiliza organismos vivos, sistemas biológicos o sus derivados para desarrollar o crear productos y aplicaciones en diversas áreas, incluida la producción de medicamentos mediante técnicas como la ingeniería genética.

Blanco: El fósforo blanco es una de las formas alotrópicas del fósforo elemental. Es una sustancia cerosa y cerosa que brilla en la oscuridad debido a su lenta oxidación al entrar en contacto con el oxígeno.

Blenda: La blenda es el nombre común para la esfalerita, que es un mineral de sulfuro de zinc (ZnS). Puede tener diversos colores, y es una importante mena de zinc.

Borato: Sal o éster del ácido bórico. Los boratos se encuentran en la naturaleza en minerales como la borax. Se utilizan en diversas aplicaciones, incluyendo la fabricación de vidrio y detergentes.

Bornita: La bornita es un mineral de sulfuro de hierro y cobre (Cu_5FeS_4). También se conoce como "pirita pavo real" debido a su coloración iridiscente. Es una mena importante de cobre.

Borosilicato: Tipo de vidrio que contiene óxido de boro y óxido de silicio en su composición. Es conocido por su resistencia al calor y su baja expansión térmica. El vidrio de borosilicato se utiliza en la fabricación de utensilios de laboratorio y recipientes resistentes al calor.

Bromo (Br): El bromo es un líquido volátil de color rojo parduzco. Se utiliza en la industria química y en la fabricación de productos bromados, como retardantes de llama.

Butadieno: Un hidrocarburo que sirve como monómero en la síntesis de polímeros elastoméricos, como el polibutadieno. Se utiliza ampliamente en la industria del caucho sintético.

Calamina: La calamina es un término histórico que se usaba para referirse a minerales de zinc, a menudo se aplicaba al carbonato de zinc. El uso moderno del término puede variar.

Calcio (Ca): Metal alcalinotérreo crucial para huesos y dientes. Presente en minerales y compuestos.

Calcopirita: La calcopirita es un mineral de sulfuro que contiene cobre, hierro y azufre ($CuFeS_2$). Es una de las principales menas de cobre y es conocida por su color amarillo latón y su brillo metálico.

Calomelanos: Los calomelanos son compuestos de mercurio(I) conocidos como calomelanos verdaderos, y uno de los más comunes es el cloruro de mercurio(I) (Hg_2Cl_2), llamado calomelano de mercurio.

CalSodada: Tipo de vidrio que contiene cal y sosa cáustica en su composición. Este tipo de vidrio suele tener buenas propiedades ópticas y es comúnmente utilizado en la fabricación de envases y ventanas.

Capa: El grafeno está formado por una única capa de átomos de carbono dispuestos en una estructura de panal. Cada átomo de carbono está unido a otros tres átomos adyacentes mediante enlaces covalentes, creando así una red hexagonal bidimensional.

Carbohidrato: Un tipo de macronutriente que proporciona energía al cuerpo. Está compuesto por carbono, hidrógeno y oxígeno. Los carbohidratos se encuentran en alimentos como cereales, frutas, verduras y legumbres.

Carbonato de Litio (Li2CO3): El carbonato de litio es una sal que contiene litio, carbono y oxígeno. Es una importante fuente de litio y se utiliza en la producción de cerámica y vidrio, así como en la fabricación de baterías.

Carbonato de Potasio (K2CO3): El carbonato de potasio es una sal que contiene potasio, carbono y oxígeno. Se utiliza en la fabricación de jabones y vidrio.

Carbonato Sódico: El carbonato sódico, también conocido como sosa, es un compuesto químico con la fórmula Na_2CO_3. Se utiliza en diversas aplicaciones industriales, como la fabricación de vidrio y productos de limpieza.

Carbonato: Un compuesto que contiene el ion carbonato (CO_3^{2-}). Los carbonatos pueden encontrarse en minerales como la calcita y la dolomita. Un ejemplo es el carbonato de calcio ($CaCO_3$).

Carbono (C): Elemento clave para la vida, forma la base de moléculas orgánicas y tiene diversas formas, como el diamante y el grafito.

Carbono Amorfo: El carbono amorfo es una forma de carbono que carece de una estructura cristalina ordenada. Ejemplos incluyen el carbón vegetal y el negro de humo.

Carbono-14: El carbono-14 es un isótopo radiactivo del carbono que se utiliza en datación por radiocarbono para determinar la antigüedad de materiales orgánicos.

Carnotita: La carnotita es un mineral de uranio que pertenece al grupo de los vanadatos. Es conocida por su color amarillo brillante y se forma en depósitos de uranio.

Catador: Un catador de vinos es alguien entrenado para evaluar y describir las características sensoriales del vino. Esto incluye el color, aroma, sabor, textura y estructura. La cata de vinos es una disciplina apasionante que busca apreciar la complejidad y la diversidad de esta bebida.

Catálisis Heterogénea: Proceso catalítico donde la reacción química ocurre en la interfaz entre fases, como en la superficie de un catalizador sólido.

Catálisis Homogénea: Un proceso catalítico en el cual tanto los catalizadores como los sustratos están disueltos en la misma fase, generalmente en una solución líquida. La catálisis homogénea es común en la química organometálica.

Catálisis: La catálisis es un proceso en el cual una sustancia (el catalizador) acelera la velocidad de una reacción química sin ser consumida en la misma. Los nanocatalizadores facilitan reacciones químicas específicas mediante la aceleración de las etapas clave del proceso.

Catalizador: Una sustancia que acelera la velocidad de una reacción química sin ser consumida en el proceso. Los catalizadores permiten que una reacción ocurra más rápidamente al reducir la energía de activación.

Ce4 (C-4): Explosivo plástico que contiene compuestos como RDX y plastificantes. Es extremadamente estable y se utiliza en aplicaciones militares y de demolición.

Celda Orgánica: Las células solares orgánicas o células solares de polímero orgánico son una clase emergente de tecnología fotovoltaica que utiliza materiales orgánicos para absorber la luz solar y generar electricidad. Estas células son flexibles y ofrecen nuevas posibilidades en términos de aplicaciones y diseño.

Célula Solar (Material Fotovoltaico): Una célula solar es el componente básico de un panel solar fotovoltaico. Está diseñada para captar la luz solar y convertirla en electricidad. Las células solares generalmente están hechas de materiales semiconductores, como el silicio.

Celulosa: La celulosa es un polisacárido que forma la estructura de las paredes celulares en plantas y algunos otros organismos. Aunque los humanos no pueden digerir celulosa, es una fuente importante de fibra en la dieta.

Cerámica: La cerámica es un material compuesto principalmente por arcilla, feldespato y sílice. Se utiliza en la fabricación de objetos diversos, desde utensilios domésticos hasta componentes electrónicos.

Cerusita: La cerusita es un mineral de carbonato de plomo ($PbCO_3$). Puede cristalizar en diversas formas y colores y a menudo se encuentra en yacimientos de plomo.

Cetona: Compuesto orgánico que contiene el grupo funcional -CO-. En una cetona, el grupo carbonilo está unido a dos grupos alquilo o arilo.

Chocolatería: La chocolatería es el arte y la técnica de trabajar con el chocolate. Implica la creación de una variedad de productos, desde tabletas de chocolate hasta bombones y postres, mediante procesos como la temperación y el moldeado.

Ciclo de Calvin: El ciclo de Calvin, también conocido como la fase oscura de la fotosíntesis, es donde se produce la fijación del carbono. En esta etapa, la planta utiliza el dióxido de carbono y la energía acumulada durante la fase luminosa para sintetizar glucosa y otros compuestos.

Ciclo del Carbono Marino: Descripción de los procesos químicos y biológicos que involucran el carbono en los océanos. Incluye la absorción de dióxido de carbono atmosférico por el agua del mar, la producción de materia orgánica y la sedimentación de carbono en el fondo del océano.

Ciclo del Carbono: Es el proceso natural que describe cómo el carbono se mueve entre la atmósfera, los océanos, la tierra y los seres vivos. Incluye procesos como la fotosíntesis, la respiración, la descomposición y la combustión.

Cinabrio: El cinabrio es un mineral de sulfuro de mercurio (HgS), conocido por su característico color rojo. Es la principal mena de mercurio y ha sido históricamente utilizado para obtener mercurio.

Ciprofloxacina: Pertenece a la clase de las fluoroquinolonas y es efectiva contra una amplia gama de bacterias. Se utiliza comúnmente para tratar infecciones del tracto urinario y del sistema respiratorio.

Cloro (Cl): El cloro es un gas diatómico de color verde-amarillo. Se utiliza comúnmente como desinfectante y en la producción de compuestos químicos, como los productos clorados.

Clorofila: La clorofila es un pigmento verde esencial para la fotosíntesis. Se encuentra en los cloroplastos de las células vegetales y es responsable de absorber la luz necesaria para iniciar la conversión de la energía lumínica en energía química.

Cloruro de Litio (LiCl): El cloruro de litio es una sal que contiene litio y cloro. Se utiliza en aplicaciones industriales y en la fabricación de baterías.

Cloruro de Potasio (KCl): El cloruro de potasio es una sal que contiene potasio y cloro. Se utiliza en la agricultura como fertilizante y en la industria química.

Cloruro: Un compuesto que contiene el ion cloruro (Cl^-). Los cloruros son comunes y pueden encontrarse en sales como el cloruro de sodio ($NaCl$).

Coagulación: Proceso mediante el cual se agregan sustancias químicas, como sulfato de aluminio, al agua para formar grumos o coágulos. Estos coágulos facilitan la eliminación de partículas suspendidas y materia orgánica durante el proceso de tratamiento del agua.

Cobre (Cu): Este metal de color rojizo es excelente conductor de electricidad. Se utiliza en cables eléctricos, electrónica y tuberías de agua. Además, tiene propiedades antimicrobianas y se ha utilizado históricamente en utensilios y joyería.

Cobre Nativo: El cobre nativo es cobre en su forma elemental, es decir, en su estado puro y sin combinarse con otros elementos. Se encuentra raramente en la naturaleza, generalmente en forma de pequeños depósitos en yacimientos minerales.

Colesterol: El colesterol es un lípido que se encuentra en las membranas celulares y es precursor de hormonas esteroides. Demasiado colesterol en la sangre puede contribuir a enfermedades cardiovasculares.

Coloidal: Un sistema intermedio entre una mezcla homogénea y una mezcla heterogénea, en el cual pequeñas partículas están dispersas en un medio. El coloide puede incluir géis, aerosoles y espumas.

Colorante: Un compuesto químico que se utiliza para agregar color a sustancias, como textiles o alimentos. Puede ser soluble en agua o en otros solventes.

Combustible: Sustancia que puede experimentar combustión, liberando energía en forma de calor. Los combustibles pueden ser sólidos, líquidos o gaseosos y son esenciales en numerosas aplicaciones, como la generación de energía.

Combustión Completa: Proceso de combustión en el cual un combustible reacciona completamente con un oxidante, produciendo productos de combustión típicos como dióxido de carbono y agua.

Combustión Incompleta: Proceso de combustión en el cual no hay suficiente oxidante para que el combustible reaccione completamente, dando lugar a la formación de productos parciales como monóxido de carbono.

Combustión Térmica: Proceso de combustión que involucra una reacción química que libera calor como resultado. Este calor puede usarse para realizar trabajo o generar energía térmica.

Combustión (Química del Hidrógeno): La combustión del hidrógeno se refiere a la reacción química en la cual el hidrógeno reacciona con el oxígeno para producir agua y liberar energía en forma de calor y luz.

Combustión: Proceso químico en el cual un compuesto orgánico reacciona con oxígeno para producir dióxido de carbono y agua, liberando energía en forma de calor y luz. La combustión es una forma común de oxidación.

Complejo Sandwich: Un tipo de estructura en compuestos organometálicos en la que el metal se encuentra entre dos anillos aromáticos, formando una especie de "sándwich".

Complejo: Unión de un átomo central metálico con ligandos a través de enlaces coordinados. Los complejos pueden variar en su estructura y propiedades.

Compuesto Orgánico: Los compuestos orgánicos que contienen azufre se conocen como compuestos organosulfurados. Estos compuestos desempeñan un papel vital en la bioquímica y se encuentran en proteínas, vitaminas y aminoácidos.

Compuestos Metaloceno: Compuestos organometálicos que contienen un metal en estado de oxidación +2 situado entre dos anillos ciclopendadienilo. El ferroceno es un ejemplo clásico de un compuesto metaloceno.

Condensado: Un estado de la materia que se forma a temperaturas extremadamente bajas, cerca del cero absoluto. Dos tipos principales son el condensado de Bose-Einstein y el condensado fermiónico.

Conducción Eléctrica (grafeno): El grafeno es un excelente conductor eléctrico debido a su estructura cristalina y la movilidad extremadamente alta de los electrones a través de su red hexagonal.

Conducción Térmica (grafeno): Además de su excelente conductividad eléctrica, el grafeno también exhibe una alta conductividad térmica, lo que lo hace prometedor para aplicaciones en dispositivos electrónicos y sistemas de refrigeración.

Conductividad: La capacidad de un material para permitir el flujo de calor o electricidad a través de él. Se clasifica en conductividad térmica y conductividad eléctrica.

Conservante: Sustancia que se agrega a los alimentos para prolongar su vida útil al prevenir el crecimiento de microorganismos que podrían causar su descomposición. Los conservantes ayudan a mantener la frescura y la seguridad de los alimentos. Ejemplos incluyen benzoato de sodio, sorbato de potasio y nitritos.

Contaminación Atmosférica: Presencia en el aire de sustancias perjudiciales en concentraciones que pueden afectar la salud humana, los ecosistemas y el clima. Incluye emisiones de gases y partículas provenientes de fuentes industriales, vehículos y otras actividades humanas.

Contaminante: Cualquier sustancia, ya sea química, biológica o física, que está presente en un medio ambiente en concentraciones superiores a las normales y que puede tener efectos adversos en los organismos vivos y en el medio ambiente.

Conversión Termoeléctrica: La conversión termoeléctrica implica el proceso de convertir directamente el calor en electricidad utilizando materiales termoeléctricos. Este enfoque es atractivo para aplicaciones específicas donde se busca aprovechar el calor residual y convertirlo en una forma de energía útil.

Copolímero: Un polímero que está compuesto por dos o más tipos diferentes de monómeros. Los copolímeros pueden tener propiedades combinadas de sus unidades constituyentes.

Cordita: Explosivo propulsor que contiene nitroglicerina, nitrocelulosa y un plastificante. Se utiliza en cartuchos de armas de fuego y fuegos artificiales.

Corindón: El corindón es un mineral de óxido de aluminio (Al_2O_3) y es conocido por su dureza excepcional. Puede tener diversos colores, siendo el rojo el más famoso en forma de rubí, mientras que otras variedades se conocen como zafiros.

Covelina: La covelina es un mineral de sulfuro de cobre (CuS) que se presenta en forma de cristales opacos de color negro. Aunque no es una fuente significativa de cobre, es apreciada por su interés mineralógico.

Craqueo Catalítico: Proceso en el que moléculas grandes y complejas de hidrocarburos se rompen en moléculas más pequeñas y útiles. Utiliza catalizadores para aumentar la eficiencia y la selectividad.

Criolita: La criolita es un mineral compuesto de aluminio, sodio y flúor (Na_3AlF_6). Históricamente, se utilizaba como fundente en la producción de aluminio mediante electrólisis.

Cristalización: Proceso mediante el cual el vidrio amorfo se transforma en un estado más ordenado y cristalino. Aunque el vidrio no es un material cristalino en el sentido clásico, puede experimentar cambios en su estructura molecular con el tiempo, especialmente a altas temperaturas.

Crocoíta: La crocoíta es un cromato de plomo que a veces contiene talio. Es conocida por su color rojo anaranjado y se utiliza a veces como mineral de cromo.

Cromatografía: Método de separación que se basa en la distribución diferencial de los componentes de una mezcla entre una fase móvil y una fase estacionaria. Puede ser líquida o gaseosa y se utiliza para separar, identificar y cuantificar compuestos.

Cromatografía: Una técnica que separa los componentes de una mezcla basándose en sus propiedades de interacción con una fase estacionaria y una fase móvil. La cromatografía es útil para identificar y cuantificar sustancias en evidencias forenses.

Cromóforo: La parte de una molécula responsable de su color. Los cromóforos absorben luz en ciertas regiones del espectro electromagnético, lo que contribuye al color que percibimos.

Cuarzo Aurífero: El cuarzo aurífero es una variedad de cuarzo que contiene oro. A menudo, el oro se encuentra en pequeñas inclusiones dentro del cuarzo, y este tipo de formación puede ser parte de los yacimientos auríferos.

Cuprita: La cuprita es un mineral de óxido de cobre (Cu_2O) que se presenta en cristales de color rojo oscuro a marrón. Aunque no es una fuente principal de cobre, es apreciada por su belleza.

De Aluvión: El oro de aluvión se refiere a depósitos de oro que se han transportado y depositado por la acción del agua. Estos depósitos pueden incluir pepitas, polvo de oro y partículas más pequeñas.

Degustación: La degustación de chocolate, similar a la cata de vinos, implica apreciar y evaluar las características sensoriales del chocolate, como el sabor, la textura y el aroma. Los catadores de chocolate pueden identificar matices y complejidades en diferentes tipos de chocolate.

Densidad: En el contexto de la química teórica, la densidad puede referirse a la densidad electrónica, que es una medida de la distribución de electrones en un sistema.

Densidad (Química Computacional): En el contexto de química computacional, puede referirse a la densidad electrónica, que es la distribución espacial de electrones alrededor de los núcleos atómicos.

Densidad: La cantidad de masa contenida en una unidad de volumen. Se calcula dividiendo la masa de un objeto por su volumen. La densidad es una propiedad intensiva y puede utilizarse para identificar sustancias.

Desalinización: Proceso mediante el cual se elimina la sal del agua salada, convirtiéndola en agua dulce y potable. Se utiliza comúnmente en regiones donde la escasez de agua dulce es un problema.

Descomposición: Descomposición de un compuesto en sustancias más simples. También conocida como reacción de descomposición.

Descubrimientos en Química Medicinal: Este término se refiere al proceso de identificación y desarrollo de nuevos compuestos químicos con potencial terapéutico. Implica la síntesis y evaluación de diversas moléculas para encontrar aquellas que sean eficaces y seguras para su uso en medicina.

Desinfección: Proceso que tiene como objetivo eliminar o inactivar microorganismos patógenos presentes en el agua. Se utilizan diversos métodos, como cloración, ozonización o radiación ultravioleta.

Desnaturalización (Química. Proteínas): La desnaturalización es el proceso mediante el cual una proteína pierde su estructura tridimensional y, por lo tanto, su función, debido a condiciones extremas como cambios de temperatura o pH.

Desorción: Proceso inverso a la adsorción, donde las moléculas o átomos adsorbidos se liberan de la superficie.

Destilación: Método de purificación del agua que implica la evaporación del agua, seguida de la condensación del vapor para obtener agua libre de impurezas. Es un proceso utilizado para producir agua destilada.

Destilación: Proceso de separación de componentes de una mezcla líquida según sus puntos de ebullición. En la refinación de petróleo, la destilación fraccionada se utiliza para separar diferentes fracciones de hidrocarburos.

Detonación: Proceso químico y físico mediante el cual una sustancia explosiva experimenta una reacción rápida y autoalimentada que produce ondas de choque intensas y calor. La detonación es fundamental para el funcionamiento de explosivos.

Deuterio: El deuterio es un isótopo del hidrógeno que contiene un protón y un neutrón en su núcleo, a diferencia del hidrógeno ordinario, que tiene solo un protón. Se utiliza en aplicaciones como marcador en resonancia magnética y en la producción de agua pesada.

Diamante: El diamante es una forma cristalina de carbono en la que los átomos de carbono están dispuestos en una estructura tetraédrica. Es conocido por su dureza y brillo y se utiliza en joyería y en aplicaciones industriales.

Difracción de Rayos X: Una técnica utilizada para determinar la estructura cristalina de un material. Los rayos X que atraviesan un cristal producen un patrón de difracción que se utiliza para revelar la disposición atómica.

Dinámica: En química teórica, se refiere al estudio del movimiento de átomos y moléculas en el tiempo. La dinámica molecular es un enfoque común para simular la evolución temporal de sistemas químicos.

Dinamita: Explosivo compuesto principalmente por nitroglicerina absorbida en un material absorbente como la tierra de diatomeas. Inventada por Alfred Nobel, la dinamita se utiliza en voladuras controladas y en la construcción.

Dióxido de Silicio (SiO2): El dióxido de silicio, comúnmente conocido como sílice, es un compuesto químico formado por átomos de silicio y oxígeno. Se encuentra en la naturaleza en forma de cuarzo y se utiliza en la fabricación de vidrio, cerámica y como agente desecante.

Directo: Los colorantes directos se aplican directamente al material sin necesidad de agentes fijadores. Se utilizan en la tintura de fibras naturales, como algodón y lino.

Dispersión (Química del Colorante): Los colorantes de dispersión son solubles en agua y se utilizan principalmente en la tintura de fibras sintéticas, como el poliéster.

Dispositivos (Ferroeléctricos): En el contexto de la ferroelectricidad, los dispositivos se refieren a las aplicaciones prácticas que utilizan materiales ferroeléctricos. Estos pueden incluir memorias no volátiles, actuadores piezoeléctricos, sensores y otros componentes electrónicos.

Doble Hélice: La doble hélice es la estructura tridimensional característica del ADN, donde dos cadenas complementarias se enrollan alrededor una de la otra.

Dominios: Los dominios en el contexto de los materiales ferroeléctricos son regiones pequeñas con una orientación uniforme de polarización eléctrica. Estos dominios pueden cambiar su orientación bajo la influencia de un campo eléctrico externo, lo que contribuye a la ferroelectricidad del material.

Dosificación: Cantidad y frecuencia con la que se administra un medicamento. La dosificación adecuada es crucial para garantizar la eficacia y minimizar los efectos secundarios.

Dureza: La dureza del agua se refiere a la concentración de iones de calcio y magnesio disueltos en ella. El agua dura puede causar problemas en tuberías y electrodomésticos debido a la formación de depósitos minerales.

Ecoeficiente: Se refiere a la eficiencia en el uso de recursos y la minimización de residuos en procesos químicos. La ecoeficiencia busca maximizar la producción mientras minimiza el impacto ambiental.

Ecuación de Schrödinger: La ecuación fundamental en la mecánica cuántica que describe cómo cambia el estado cuántico de un sistema con el tiempo. Es central en la química teórica.

Efecto Invernadero: Fenómeno natural que permite la retención de parte del calor del sol en la atmósfera, contribuyendo al calentamiento de la Tierra. Sin embargo, actividades humanas, como la quema de combustibles fósiles, pueden intensificar este efecto, causando el calentamiento global.

Eficiencia (Material Fotovoltaico): La eficiencia de las células solares es un factor crucial en la tecnología fotovoltaica. Se mide como la proporción de la energía solar incidente que se convierte en electricidad. Los avances en la eficiencia buscan mejorar la captura y conversión de la luz solar para hacer la energía solar más competitiva.

Eficiencia Térmica: La eficiencia térmica en el contexto de la termoelectricidad se refiere a la capacidad de un material termoeléctrico o de un generador termoeléctrico para convertir de manera efectiva la energía térmica en electricidad. Mejorar la eficiencia térmica es un objetivo clave en el desarrollo de tecnologías termoeléctricas.

Eficiencia: Su alta eficiencia se debe a la gran área superficial y la mayor cantidad de átomos activos expuestos en comparación con los catalizadores convencionales. Los nanocatalizadores suelen exhibir una mayor eficiencia debido a la mayor actividad superficial y la posibilidad de ajustar selectivamente sus propiedades.

Eglestonita: La eglestonita es un mineral de seleniuro de mercurio y plata. A menudo se presenta en forma de cristales prismáticos y es parte de la familia de minerales del grupo de la tiemannita.

Elastomérico: Material que exhibe propiedades elásticas y puede recuperar su forma original después de ser deformado. Los elastómeros, como el caucho, son conocidos por su capacidad de estiramiento y flexibilidad.

Electro Configuración (Configuración Electrónica): La disposición de los electrones en los orbitales de un átomo. Se describe utilizando números cuánticos y proporciona información sobre la energía y la distribución espacial de los electrones.

Electroforesis: Técnica utilizada para separar moléculas cargadas eléctricamente, como proteínas y ácidos nucleicos, en un gel. La velocidad de migración depende de la carga y tamaño de las moléculas.

Electrón: Una partícula subatómica con una carga elemental negativa. Los electrones orbitan alrededor del núcleo en capas y subniveles específicos, y participan en las interacciones químicas.

Electronegatividad: La capacidad de un átomo para atraer electrones hacia sí mismo en una molécula. Es una medida relativa y se utiliza para predecir la polaridad de los enlaces químicos.

Electrónica (Ferroeléctricos): La electrónica es una rama de la física y la ingeniería que se ocupa del estudio y la aplicación de los dispositivos y sistemas que utilizan electrones. Incluye el diseño, análisis y fabricación de circuitos electrónicos, semiconductores, dispositivos magnéticos y otros componentes que forman la base de la tecnología moderna.

Elemental: El azufre elemental se refiere al azufre en su forma pura, en la que se presenta como un sólido amarillo brillante. Es un elemento no metálico que forma parte de la composición de diversos compuestos químicos.

Energía (Material Fotovoltaico): La energía fotovoltaica se refiere a la electricidad generada a partir de la luz solar. Es una forma limpia y sostenible de producción de energía, ya que no emite gases de efecto invernadero ni contaminantes atmosféricos durante su operación.

Energía Libre: También conocida como energía libre de Gibbs (G), es una medida de la energía de un sistema que está disponible para realizar trabajo a una temperatura y presión constantes. Es útil para prever la dirección de las reacciones químicas y cambios de fase.

Energía Lumínica: La energía lumínica es la energía transportada por la luz. En la fotosíntesis, la energía lumínica es absorbida por la clorofila y utilizada para llevar a cabo la conversión de la energía solar en energía química.

Energía Renovable: En el contexto de la química verde, implica el uso de fuentes de energía renovable, como la solar o eólica, para alimentar procesos químicos, reduciendo así la dependencia de fuentes no renovables.

Energía: En el contexto de los dispositivos termoeléctricos, la energía se refiere a la electricidad generada a partir del calor. Los dispositivos termoeléctricos son de interés particular en situaciones donde se busca aprovechar el calor residual para la producción de energía eléctrica.

Enlace Covalente: Un tipo de enlace químico en el cual dos átomos comparten un par de electrones. Los enlaces covalentes son comunes en moléculas formadas por átomos no metálicos y resultan en la formación de moléculas estables.

Enólogo: Un enólogo es un profesional especializado en la elaboración del vino. Su conocimiento abarca desde la elección de las uvas hasta la fermentación, crianza y embotellado. Los enólogos desempeñan un papel clave en la calidad y el estilo del vino.

Entalpía: La entalpía es una función termodinámica que representa la suma de la energía interna del sistema y el producto de la presión y el volumen del sistema. En términos más simples, se puede considerar como la cantidad total de energía en un sistema.

Entropía: La entropía es una medida de la cantidad de desorden o caos en un sistema. Cuanto mayor es la entropía, mayor es el grado de desorden. En el contexto termodinámico, la entropía se relaciona con la dispersión de la energía en un sistema.

Enzima: Son proteínas especializadas que actúan como catalizadores biológicos. Aceleran las reacciones químicas en las células, permitiendo que ocurran a velocidades compatibles con los procesos biológicos.

Enzimas Antioxidantes: Incluyen enzimas como la superóxido dismutasa (SOD), la catalasa y la glutatión peroxidasa. Estas enzimas descomponen y neutralizan los radicales libres, contribuyendo a la defensa antioxidante del cuerpo.

Eritromicina: Es un antibiótico macrólido utilizado para tratar infecciones bacterianas. Funciona inhibiendo la síntesis de proteínas en las bacterias.

Erosión (Química del Suelo):: La erosión del suelo es la pérdida de la capa superior del suelo debido a factores como el viento, el agua y las actividades humanas. Puede tener efectos negativos en la calidad del suelo y la productividad agrícola.

Esfalerita: La esfalerita es un mineral de sulfuro de zinc (ZnS) y es la forma más común de mineral de zinc. Puede tener diversos colores, y la variante rica en hierro se llama marmatita.

Esmeralda: La esmeralda es una variedad de berilo, un aluminosilicato de berilio y aluminio (Be3Al2(SiO3)6) que obtiene su color verde de trazas de cromo y vanadio. Aunque es apreciada como gema, no se utiliza como fuente de aluminio.

Espacio de Color: Un modelo matemático que organiza colores de manera sistemática. Ejemplos incluyen el modelo RGB utilizado en dispositivos electrónicos y el modelo de color CIE utilizado en ciencia del color.

Espectro de Absorción: Una representación gráfica de cómo un material absorbe la luz en función de la longitud de onda. Se utiliza para identificar cromóforos y comprender cómo interactúan con la luz.

Espectroscopía: Técnica analítica que estudia la interacción entre la radiación electromagnética y la materia. Puede ser utilizada para identificar sustancias y determinar la concentración de compuestos en una muestra. Incluye métodos como la espectroscopía de masas y la espectroscopía de absorción y emisión.

Espín: Es una propiedad cuántica asociada a las partículas subatómicas, como los electrones. El espín se asocia con el momento angular intrínseco de la partícula y tiene dos valores posibles: hacia arriba o hacia abajo.

Espodumeno: El espodumeno es un mineral de litio que se utiliza como una importante fuente de litio. Es un silicato de litio y aluminio.

Éster: Compuesto orgánico que tiene el grupo funcional -COO-. Los ésteres se forman por la reacción de un ácido y un alcohol, liberando agua en el proceso.

Estireno: Monómero que se utiliza en la producción de poliestireno y otros polímeros. En la química del caucho, el estireno puede formar parte de copolímeros, como el estireno-butadieno.

Estireno-Butadieno: Copolímero que combina las propiedades del estireno y el butadieno. Se utiliza comúnmente en la fabricación de neumáticos debido a su equilibrio entre resistencia y elasticidad.

Estreptomicina: Es un antibiótico aminoglucósido utilizado para tratar infecciones bacterianas. Actúa interfiriendo con la síntesis de proteínas en las bacterias.

Estructura Cuaternaria: En proteínas formadas por múltiples subunidades, la estructura cuaternaria describe la disposición tridimensional de estas subunidades y las interacciones entre ellas.

Estructura de Estado Sólido: La organización tridimensional de átomos, iones o moléculas en un sólido. Puede referirse tanto a la estructura cristalina como a la amorfa.

Estructura Primaria: La estructura primaria de una proteína se refiere a la secuencia lineal de aminoácidos en una cadena polipeptídica.

Estructura Secundaria: La estructura secundaria se refiere a patrones locales de plegamiento en una cadena polipeptídica, como hélices alfa y láminas beta, que resultan de interacciones entre aminoácidos cercanos.

Estructura Terciaria: La estructura terciaria se refiere a la disposición tridimensional completa de una cadena polipeptídica, determinada por las interacciones entre aminoácidos distantes.

Etanol (Q. Biocombustibles): El etanol es un biocombustible líquido producido a través de la fermentación de materias primas ricas en azúcares, como caña de azúcar, maíz o biomasa celulósica. Se utiliza comúnmente como aditivo en la gasolina o como combustible puro en vehículos diseñados específicamente para ello.

Éter: Compuesto orgánico que tiene el grupo funcional -O- entre dos átomos de carbono. Los éteres pueden ser simétricos o asimétricos según los grupos alquilo unidos al átomo de oxígeno.

Explosión: Reacción química exotérmica extremadamente rápida que produce una liberación súbita de gas y calor, a menudo acompañada de un fuerte aumento de presión.

Fármaco: Una sustancia química diseñada para interactuar con sistemas biológicos con el fin de prevenir, aliviar o tratar enfermedades. Los fármacos pueden tener diversos mecanismos de acción y se desarrollan para abordar necesidades específicas en el ámbito médico.

Farmacocinética: Estudio de cómo los fármacos son absorbidos, distribuidos, metabolizados y eliminados por el organismo. Comprende procesos como la absorción en el tracto gastrointestinal, la metabolización en el hígado y la excreción por los riñones.

Farmacóforo: Es la parte de la molécula de un fármaco responsable de su actividad farmacológica. El conocimiento del farmacóforo es crucial para diseñar compuestos con propiedades terapéuticas.

Feldespato: El feldespato es un grupo de minerales que incluye aluminosilicatos de potasio, sodio y calcio. Aunque no es una fuente directa de aluminio, algunos feldespatos pueden contener este metal y afectar procesos industriales. Pueden contener potasio, como el ortoclasa. Se utiliza en la fabricación de cerámica, esmaltes y vidrios.

Feniletilamina: Es una amina biogénica que se cree que puede tener efectos sobre el estado de ánimo y la sensación de bienestar. Aunque se encuentra en pequeñas cantidades en el chocolate, su impacto psicoactivo se debate y puede ser limitado debido a la rápida metabolización en el cuerpo.

Fermentación: La fermentación es el proceso en el cual las levaduras convierten los azúcares presentes en el mosto de uva en alcohol y dióxido de carbono. Este proceso es fundamental en la producción de vino y afecta significativamente sus características finales.

Fermentación: Un proceso biológico en el que microorganismos como levaduras, bacterias o mohos convierten los carbohidratos en alimentos en productos como alcohol, ácidos orgánicos o gases. Se utiliza en la producción de alimentos como pan, yogur y cerveza.

Ferritas (Q. Material Magnético): Las ferritas son compuestos cerámicos, generalmente de óxido de hierro (Fe_2O_3) con otros elementos como zinc, manganeso o níquel. Estos materiales son conocidos por sus propiedades magnéticas y se utilizan en aplicaciones como núcleos de transformadores y dispositivos de microondas.

Ferroceno: Un compuesto organometálico que consta de un átomo de hierro encapsulado entre dos anillos de ciclopendadienilo. Es conocido por sus propiedades estructurales y su aplicación en catálisis.

Ferroelectricidad (Ferroeléctricos): La ferroelectricidad es la propiedad de algunos materiales en los cuales la polarización eléctrica espontánea puede ser invertida mediante la aplicación de un campo eléctrico externo. Este fenómeno está asociado con la existencia de dominios ferroeléctricos, regiones en el material con una orientación uniforme de polarización. La ferroelectricidad es esencial en diversas aplicaciones tecnológicas.

Ferroeléctricos: Los materiales ferroeléctricos son sustancias que exhiben una propiedad conocida como ferroelectricidad. La ferroelectricidad es un fenómeno en el cual ciertos materiales muestran la capacidad de tener una polarización eléctrica espontánea que puede ser invertida mediante la aplicación de un campo eléctrico externo. Estos materiales son particularmente útiles en la fabricación de dispositivos electrónicos, como memorias no volátiles y sensores.

Ferromagnetismo (Q. Material Magnético): El ferromagnetismo es una propiedad magnética donde los momentos magnéticos de los átomos se alinean espontáneamente en la misma dirección, generando un fuerte campo magnético. El hierro, el níquel y el cobalto son ejemplos de materiales ferromagnéticos.

Fertilizante (Química del Suelo): Los fertilizantes son sustancias que se aplican al suelo para mejorar su fertilidad y proporcionar nutrientes esenciales para las plantas. Pueden contener compuestos nitrogenados, fosfatados, potásicos y otros elementos necesarios.

Fertilizantes: Los fertilizantes fosfatados, que contienen fósforo, son cruciales para mejorar la fertilidad del suelo y promover el crecimiento de las plantas.

Fisión Nuclear: Es el proceso en el cual un núcleo atómico pesado se divide en dos o más núcleos más pequeños, liberando una gran cantidad de energía. Este proceso es fundamental en la generación de energía en reactores nucleares y en algunas bombas nucleares.

Flavonoides: Son compuestos polifenólicos presentes en el cacao y tienen propiedades antioxidantes. Se cree que los flavonoides pueden tener beneficios para la salud, como mejorar la función cardiovascular.

Flexibilidad (grafeno): El grafeno es altamente flexible y puede doblarse sin perder sus propiedades mecánicas y eléctricas.

Flúor (F): El flúor es el primer elemento del grupo de los halógenos. Es un gas diatómico altamente reactivo y se utiliza en diversas aplicaciones, como en la industria química y en la fluoración del agua.

Fluoruro: Compuesto que contiene fluoruro, un ion negativo derivado del flúor. Los fluoruros son comunes en la naturaleza y se utilizan en diversas aplicaciones, como en la fluoración del agua para prevenir la caries dental.

Fosfato: Sal o éster del ácido fosfórico. Los fosfatos son esenciales para la vida y se encuentran en compuestos como el ADN, ARN y ATP. También son componentes importantes de minerales y fertilizantes.

Fosfatos: Los fosfatos son sales o ésteres del ácido fosfórico. Son componentes importantes en los suelos y se utilizan en fertilizantes, ya que el fósforo es esencial para el crecimiento de las plantas.

Fosfolípidos: Los fosfolípidos son componentes estructurales de las membranas celulares. Tienen una cabeza hidrofílica y dos colas hidrofóbicas, lo que les confiere propiedades anfipáticas y les permite formar bicapas en entornos acuosos. Son esenciales para la integridad de las membranas biológicas.

Fosfóricos: Los compuestos fosfóricos son aquellos que contienen el ion fosfato (PO_4^{3-}) o están relacionados con el ácido fosfórico. Tienen diversas aplicaciones, como aditivos alimentarios y en la industria química.

Fosgenita: La fosgenita es un mineral de clorofosfato de plomo ($Pb_2Cl_3[OH]$). Puede formarse en ambientes de alteración de minerales de plomo.

Fotólisis: La fotólisis es el proceso de división de moléculas mediante la absorción de luz. En la fotosíntesis, la fotólisis del agua ocurre en el fotosistema II, liberando electrones, protones y oxígeno.

Fotosíntesis: Este proceso es fundamental para la vida en la Tierra. Las plantas y otros organismos fotosintéticos utilizan la luz solar para convertir el dióxido de carbono y el agua en glucosa y oxígeno. La glucosa es una fuente de energía para el crecimiento y desarrollo de los organismos.

Fotosistema: Un fotosistema es una unidad funcional en la fotosíntesis que consta de complejos de pigmentos y proteínas. Los fotosistemas I y II trabajan en conjunto para absorber la luz y transferir electrones, facilitando así la producción de energía.

Fotovoltaica (Material Fotovoltaico): fotovoltaica se refiere a la electricidad generada a partir de la luz solar. Es una forma limpia y sostenible de producción de energía, ya que no emite gases de efecto invernadero ni contaminantes atmosféricos durante su operación.

Fraccionamiento: Proceso de separación de los componentes del petróleo crudo en fracciones más livianas mediante destilación fraccionada. Cada fracción tiene un rango específico de puntos de ebullición.

Franckeíta: La franckeíta es un mineral que contiene zinc y antimonio. Se clasifica como un sulfuro complejo y a menudo se encuentra en yacimientos de minerales de zinc.

Frita: Material vítreo fundido que se utiliza como esmalte en la fabricación de vidrio. Se aplica a menudo sobre cerámica o vidrio para darle un acabado vítreo y mejorar su apariencia y durabilidad.

Fructosa: La fructosa es un monosacárido que se encuentra en muchas frutas y miel. Es otra fuente importante de energía y se utiliza como edulcorante en la industria alimentaria.

Fueloil: Producto derivado del petróleo utilizado como combustible para calefacción y generación de energía. Se obtiene de las fracciones más pesadas del petróleo y su composición puede variar según su aplicación.

Fuerte (grafeno): A pesar de su estructura delgada, el grafeno es sorprendentemente fuerte. Es más fuerte que el acero y muy liviano, lo que lo convierte en un material atractivo para aplicaciones en la fabricación de materiales compuestos.

Funcionalizado: El grafeno funcionalizado implica la introducción controlada de átomos, grupos químicos o moléculas en la estructura del grafeno. Esto se realiza para modificar y mejorar sus propiedades para aplicaciones específicas.

Fungicida: Un fungicida es un pesticida que se utiliza para prevenir, controlar o eliminar hongos que pueden dañar cultivos, plantas o estructuras. Ayuda a prevenir enfermedades fúngicas y mantener la salud de las plantas.

Fusión Nuclear: Es el proceso en el cual dos núcleos atómicos ligeros se combinan para formar un núcleo más pesado, liberando una gran cantidad de energía. La fusión nuclear es el proceso que alimenta al sol y se busca replicar para la generación de energía en la Tierra.

Galena: La galena es un mineral de sulfuro de plomo (PbS), y es la principal mena de plomo. Se presenta en cristales cúbicos y a menudo contiene pequeñas cantidades de plata.

Gaseoso: Un estado de la materia que no tiene ni forma ni volumen definidos. Las partículas en un gas están muy separadas y se mueven libremente.

Gases Nobles: Grupo de elementos gaseosos, poco reactivos, con capas de electrones completas.

Gasolina: Mezcla de hidrocarburos líquidos que se obtiene principalmente del petróleo crudo. Es un combustible utilizado en motores de combustión interna y se produce mediante procesos de refinación, como la destilación y el craqueo catalítico.

Generadores: Los generadores termoeléctricos son dispositivos que aprovechan el efecto termoeléctrico para convertir el calor en electricidad. Estos generadores encuentran aplicaciones en la generación de energía en entornos donde se dispone de calor residual, como en sistemas de escape de vehículos o en procesos industriales.

Genérico: Medicamento que contiene los mismos ingredientes activos que un medicamento de marca, pero generalmente es más económico. Los genéricos cumplen con los mismos estándares de calidad y eficacia que los medicamentos de marca.

Glucólisis: Es la primera etapa de la descomposición de la glucosa para obtener energía. Ocurre en el citoplasma celular y resulta en la formación de piruvato y una pequeña cantidad de energía.

Glucosa: La glucosa es un monosacárido, un tipo de azúcar simple que constituye una fuente principal de energía para las células. Es un componente esencial en muchos procesos biológicos, incluida la respiración celular.

Glutatión: Es un péptido presente en las células que actúa como antioxidante y desintoxicante. Participa en la neutralización de radicales libres y ayuda a mantener la integridad celular.

Goethita: La goethita es un mineral de óxido de hierro-hidróxido (FeO(OH)) que puede variar en color desde amarillo a marrón oscuro. Se encuentra comúnmente en forma de masas fibrosas.

Grafeno: El grafeno es una forma bidimensional de carbono que consiste en una sola capa de átomos dispuestos en una estructura hexagonal. Cada átomo de carbono en el grafeno está unido a otros tres átomos de carbono mediante enlaces covalentes, formando una estructura plana y altamente regular. El grafeno ha sido objeto de intensa investigación debido a sus propiedades únicas y su potencial para revolucionar numerosas áreas tecnológicas. Su estructura bidimensional y sus propiedades excepcionales lo convierten en un material versátil con aplicaciones prometedoras en diversos campos de la ciencia y la tecnología

Grafito: El grafito es una forma de carbono donde los átomos de carbono están dispuestos en capas planas. Tiene propiedades lubricantes y se utiliza en lápices, así como en aplicaciones como lubricantes secos y materiales conductores.

Grasa Insaturada: Las grasas insaturadas contienen ácidos grasos con al menos un enlace doble. Pueden ser monoinsaturadas (un enlace doble) o poliinsaturadas (múltiples enlaces dobles). Se

Grasa Saturada: Las grasas saturadas tienen ácidos grasos sin enlaces dobles, lo que les confiere una estructura más recta. Se encuentran comúnmente en alimentos de origen animal y su consumo

Gravimetría: Método analítico que se basa en la medición de la masa de un compuesto formado por reacción química para determinar la cantidad de una sustancia presente en la muestra original.

Grupo Funcional: Un grupo específico de átomos en una molécula que determina las propiedades químicas y reactivas de esa molécula. Los grupos funcionales son característicos de ciertas clases de compuestos orgánicos.

Haber-Bosch: Proceso químico desarrollado por Fritz Haber y Carl Bosch para la síntesis industrial de amoníaco a partir de nitrógeno atmosférico e hidrógeno. Es un componente clave en la producción de fertilizantes y otros productos químicos nitrogenados.

Halita: La halita es un mineral común de sal que se compone principalmente de cloruro de sodio (NaCl). Se presenta en cristales incoloros, blancos o de otros colores y es una fuente importante de sal comestible.

Helio (He): Es un gas noble presente en pequeñas cantidades en la atmósfera. Su punto de ebullición extremadamente bajo lo hace útil en aplicaciones criogénicas y en la industria aeroespacial. Además, se utiliza en globos aerostáticos debido a su baja densidad.

Helio (He): Gas noble incoloro. Se utiliza en aplicaciones criogénicas y en globos aerostáticos.

Hematita: La hematita es un mineral de óxido de hierro (Fe2O3) que presenta un característico color plateado a negro. Es una de las principales menas de hierro y es ampliamente utilizada en la producción de hierro y acero.

Hemiesferita: La hemiesferita es un mineral que puede contener tanto zinc como manganeso. Tiene una estructura cristalina y se clasifica dentro de los óxidos e hidróxidos.

Herbicida: Un herbicida es un pesticida destinado a controlar el crecimiento de plantas no deseadas, comúnmente conocidas como malas hierbas. Pueden actuar de manera selectiva o no selectiva, afectando a ciertos tipos de plantas o a todas por igual.

Hidrácidos: Los hidrácidos son ácidos que contienen hidrógeno. Ejemplos comunes incluyen el ácido clorhídrico (HCl) y el ácido sulfhídrico (H₂S).

Hidrocarburo: Compuesto químico formado por átomos de carbono e hidrógeno. Pueden ser alifáticos (cadena abierta) o aromáticos (contienen anillos de benceno). Ejemplos comunes son el metano, etano y benceno.

Hidrofobicidad: Propiedad de repeler el agua. Una superficie hidrofóbica repele el agua y tiende a formar gotas en lugar de extenderse.

Hidrógeno (H): Elemento ligero y abundante en el universo. Gas incoloro e insípido. Forma parte del agua.

Hidrólisis: Reacción química en la cual una molécula se divide en dos partes mediante la adición de una molécula de agua.

Hidrotratamiento: Proceso en el que se utilizan hidrógeno y catalizadores para eliminar impurezas, como azufre y nitrógeno, de los productos del petróleo. Mejora la calidad y reduce la contaminación ambiental.

Hidróxido de Litio (LiOH): El hidróxido de litio es una base fuerte que contiene litio. Se utiliza en la producción de lubricantes y en la industria del aluminio.

Hidróxido de Potasio (KOH): El hidróxido de potasio es una base fuerte y alcalina. Se utiliza en la fabricación de productos químicos, jabones y en procesos industriales.

Hidróxido de Sodio (NaOH): El hidróxido de sodio, también conocido como sosa cáustica, es una base fuerte y alcalina. Se utiliza en la fabricación de productos químicos, limpieza y procesos industriales.

Hidróxido: Un compuesto que contiene el ion hidróxido (OH^-). Los hidróxidos son básicos y actúan como bases en reacciones químicas. Un ejemplo es el hidróxido de sodio (NaOH), una base fuerte

Hidruro: Compuesto químico formado por hidrógeno y otro elemento. Los hidruros pueden ser iónicos o covalentes, y su naturaleza y propiedades dependen del elemento con el que se combinen.

Hierro (Fe): Es un metal de transición de color plateado, conocido por su resistencia y maleabilidad. Es esencial para la vida y se encuentra en la hemoglobina de la sangre, transportando oxígeno a través del cuerpo. También se utiliza ampliamente en la construcción y fabricación de acero.

Hierro (Fe): Metal común en la corteza terrestre. Utilizado en construcción, industria y acero.

Host-Guest: Relación entre dos moléculas donde una actúa como el "huésped" y la otra como el "invitado". Esta interacción es común en sistemas supramoleculares y puede incluir encapsulamiento de una molécula dentro de la cavidad de otra.

Hübnerita: La hübnerita es un mineral de tungsteno que puede contener pequeñas cantidades de talio. Tiene un color marrón oscuro a negro y se encuentra en depósitos de minerales de tungsteno.

Huella Química: La huella química se refiere a la identificación única de ciertos compuestos químicos presentes en una muestra. En el contexto forense, puede utilizarse para vincular una muestra a una fuente específica.

Humus: El humus es la materia orgánica descompuesta en el suelo. Proviene de la descomposición de restos de plantas y animales. El humus mejora la estructura del suelo, retiene la humedad y proporciona nutrientes a las plantas.

Ilmenita: La ilmenita es un mineral de óxido de hierro y titanio ($FeTiO_3$). Se utiliza en la producción de titanio y a menudo se encuentra en depósitos de arena negra.

Índigo (Química del Colorante): Un colorante natural que ha sido históricamente utilizado para teñir textiles de azul. Se obtiene de la planta de añil (Indigofera tinctoria) y ha sido crucial en la fabricación de denim.

Insecticida: Un insecticida es un pesticida diseñado específicamente para controlar poblaciones de insectos. Puede actuar de diversas maneras, como interfiriendo en el sistema nervioso de los insectos o afectando su desarrollo.

Interface: Límite entre dos fases, como la interfaz entre un sólido y un gas, un líquido y un gas, o dos líquidos inmiscibles.

Iridio: El iridio es uno de los elementos más densos y se utiliza en aplicaciones que requieren resistencia a altas temperaturas, como en las bujías y en ciertos dispositivos electrónicos.

Isoamilo: Compuesto que contribuye al aroma característico de las bananas. Se utiliza en la industria alimentaria y de bebidas para dar sabor a productos como los jarabes de banana.

Isomería: Fenómeno en el cual dos o más compuestos tienen la misma fórmula molecular pero difieren en la disposición espacial de sus átomos. En la química de coordinación, esto puede incluir isómeros geométricos o isómeros de posición.

Isómero: Dos o más compuestos que tienen la misma fórmula molecular pero difieren en la disposición espacial de sus átomos. Los isómeros pueden clasificarse en isómeros estructurales (diferencias en la estructura molecular) e isómeros geométricos o cis-trans (diferencias en la orientación espacial de los grupos).

Isótopo: Son átomos de un mismo elemento que tienen el mismo número de protones pero diferentes números de neutrones. Los isótopos de un elemento comparten propiedades químicas similares pero pueden tener diferentes propiedades nucleares, como la estabilidad o la radioactividad.

Kriptón (Kr): Otro gas noble incoloro, el kriptón se utiliza en lámparas de destello, en fotografía de alta velocidad y en dispositivos láser. Su nombre proviene del griego "kryptos", que significa "oculto", debido a su naturaleza poco reactiva.

Látex: Emulsión acuosa de partículas de caucho natural o sintético. El látex se utiliza para fabricar productos de caucho, como guantes, globos y espumas, a través de procesos de vulcanización.

Lepidolita: La lepidolita es un mineral de la clase de los filosilicatos que contiene litio. Se utiliza como fuente secundaria de litio.

Leucita: La leucita es un aluminosilicato de potasio y aluminio ($KAlSi_2O_6$) que se encuentra en rocas ígneas. Aunque no es una fuente importante de aluminio, es de interés geológico.

Ley Cero de la Termodinámica: Establece que si dos sistemas están en equilibrio térmico con un tercer sistema, entonces están en equilibrio térmico entre sí. Esta ley proporciona la base para la medición de la temperatura.

Ligando: Molécula o ion que se une a un átomo central metálico en un complejo de coordinación, proporcionando pares de electrones para formar enlaces coordinados.

Ligandos π: Ligandos que pueden coordinarse alrededor de un átomo central mediante enlaces π (pi), contribuyendo así a la estabilidad de los complejos organometálicos.

Ligero (grafeno): A pesar de su estructura delgada, el grafeno es sorprendentemente fuerte. Es más fuerte que el acero y muy liviano, lo que lo convierte en un material atractivo para aplicaciones en la fabricación de materiales compuestos.

Limonita: La limonita es un término general utilizado para describir mezclas de diversos minerales de hierro-hidróxido, como la goethita y la lepidocrocita. Suele tener un color amarillo a marrón.

Lípido: También conocido como grasa, es otro macronutriente que proporciona energía y cumple funciones estructurales en las membranas celulares. Los lípidos incluyen grasas saturadas, insaturadas y ácidos grasos esenciales.

Lipoproteína: Las lipoproteínas son complejos de lípidos y proteínas que transportan lípidos a través de la sangre. Las lipoproteínas de baja densidad (LDL) y de alta densidad (HDL) son ejemplos importantes.

Líquido: Un estado de la materia que tiene un volumen definido pero no una forma definida. Las partículas en un líquido están más separadas que en un sólido y pueden fluir.

Litargirio: El litargirio es un óxido de plomo (PbO) que se presenta en forma de polvo amarillo a rojo. Históricamente, se ha utilizado en pigmentos y en la fabricación de vidrio.

Llama: Zona visible y luminosa producida durante la combustión de gases inflamables. La llama es el resultado de la liberación de energía en forma de luz.

Lluvia Ácida: Es la precipitación que contiene concentraciones anormalmente altas de ácidos, generalmente debido a la liberación de óxidos de azufre y nitrógeno provenientes de la quema de combustibles fósiles.

Lorándico: Este término puede referirse a sustancias o características relacionadas con el talio. Se puede asociar con minerales que contienen talio o propiedades específicas del metal.

Lorandita: La lorandita es un fosfato de talio y aluminio. Se encuentra comúnmente en depósitos de minerales de talio y a menudo se presenta en forma de cristales prismáticos.

Macrociclo: Molécula cíclica grande que puede formarse mediante autoensamblaje, a menudo utilizada en química supramolecular para encapsular otras moléculas en su cavidad.

Magnetismo: El magnetismo es un fenómeno físico mediante el cual los materiales pueden ejercer fuerzas atractivas o repulsivas sobre otros materiales. Los imanes y los materiales magnéticos están influenciados por este fenómeno.

Magnetita: La magnetita es un mineral de óxido de hierro (Fe_3O_4) que es magnético. A menudo se encuentra en forma de cristales octaédricos negros y es una importante mena de hierro.

Malaquita: La malaquita es un mineral de carbonato de cobre hidratado [$Cu_2CO_3(OH)_2$]. Tiene un característico color verde y se utiliza a menudo en joyería y ornamentos debido a su atractiva apariencia.

Manteca de Cacao: Es la grasa natural presente en los granos de cacao. Contiene ácidos grasos saturados e insaturados, y es responsable de la textura suave y fundente del chocolate.

Material Fotovoltaico: Los materiales fotovoltaicos son aquellos que tienen la capacidad de convertir la luz solar en electricidad mediante el efecto fotovoltaico. Diferentes tecnologías y materiales se utilizan en la construcción de células solares para aprovechar la energía solar de manera eficiente. Los materiales fotovoltaicos y las células solares desempeñan un papel esencial en la transición hacia fuentes de energía más limpias y renovables, contribuyendo a la reducción de la dependencia de los combustibles fósiles y la mitigación del cambio climático.

Materiales (Q. Material Magnético): Los materiales magnéticos pueden ser metálicos, cerámicos o compuestos. Los más comunes incluyen hierro, níquel, cobalto y sus aleaciones. Algunos materiales compuestos, como las ferritas, también son conocidos por sus propiedades magnéticas.

Materiales Cristalinos: Sólidos que tienen una estructura ordenada y periódica en el espacio. Los átomos, iones o moléculas están dispuestos de manera regular y repetitiva.

Materiales Porosos: Sólidos que tienen una estructura que incluye poros o espacios vacíos. Estos materiales son utilizados en aplicaciones como catálisis, almacenamiento de gases y separación de moléculas.

Materiales: Los materiales termoeléctricos son aquellos que exhiben propiedades termoeléctricas favorables para la conversión de calor en electricidad. Algunos materiales comúnmente utilizados incluyen compuestos basados en telururo de bismuto, seleniuro de plomo y otros compuestos semiconductores.

Mecánica Cuántica: Es una teoría física que describe el comportamiento de partículas a escala subatómica. Se basa en el principio de la dualidad onda-partícula y utiliza operadores matemáticos para prever la probabilidad de encontrar partículas en diferentes estados.

Medicamento: Sustancia utilizada para prevenir, aliviar o tratar enfermedades. Los medicamentos pueden ser de origen químico, biológico o natural y tienen propiedades terapéuticas.

Medicina (Nanomedicina): Aplicación de nanotecnología en el campo médico. Incluye el desarrollo de nanodispositivos para diagnóstico, terapia y sistemas de liberación de medicamentos.

Memoria Magnética (Q. Material Magnético): La memoria magnética se refiere a la capacidad de ciertos materiales para retener información magnética. Esto es fundamental en dispositivos de almacenamiento magnético, como discos duros y cintas magnéticas, donde la información se codifica mediante cambios en la orientación de los momentos magnéticos en el material.

Mercurio Metálico: El mercurio metálico es la forma elemental del mercurio, comúnmente representada como Hg. Es un metal líquido a temperatura ambiente y ha sido utilizado en varios procesos industriales.

Metal de Transición: Elemento metálico que se encuentra en los bloques d y f de la tabla periódica. Los metales de transición son comúnmente utilizados en complejos de coordinación debido a su capacidad para formar diferentes estados de oxidación.

Metal-Carbono: Es un enlace directo entre un átomo de metal y uno de carbono. Este tipo de enlace es característico de los compuestos organometálicos.

MetalesDeTransición: Son un grupo de elementos químicos que se encuentran en los bloques d y f de la tabla periódica. Incluyen elementos como el hierro (Fe), el cobre (Cu), el oro (Au), el zinc (Zn), el titanio (Ti), y muchos otros. Comparten propiedades físicas y químicas comunes, como ser sólidos a temperatura ambiente, tener puntos de fusión y ebullición relativamente altos, y exhibir conductividad eléctrica y térmica.

Metálico: Aunque el hidrógeno es generalmente un gas no metálico, en condiciones extremas de presión, se cree que puede mostrar propiedades metálicas. Esto se refiere a un estado hipotético donde el hidrógeno se comportaría como un metal.

Metaloceno: Compuestos organometálicos que contienen un metal en estado de oxidación +2 situado entre dos anillos ciclopendadienilo. El ferroceno es un ejemplo clásico de un compuesto metaloceno.

Método Ab Initio: Un método de cálculo en química teórica que trata de resolver las ecuaciones de Schrödinger sin hacer aproximaciones sustanciales basadas en datos experimentales. Proporciona resultados precisos, pero a menudo es computacionalmente intensivo.

Métodos Ab Initio (Química Computacional): Métodos de cálculo en química computacional que se basan en principios fundamentales, sin hacer suposiciones o aproximaciones significativas. Proporcionan resultados precisos, pero son computacionalmente intensivos.

Minerales: Elementos inorgánicos esenciales para el cuerpo, como calcio, hierro, zinc y magnesio. Cumplen funciones vitales en la estructura ósea, transporte de oxígeno, función nerviosa y más.

Minio: El minio es un óxido de plomo (Pb_3O_4) que se utiliza en la fabricación de pinturas y como pigmento.

Modelado: El proceso de crear representaciones computacionales de sistemas químicos para estudiar su comportamiento y propiedades. Puede implicar modelos moleculares, dinámica molecular, etc.

Modelo Atómico: Es una representación teórica de la estructura interna de un átomo. Diferentes modelos han sido propuestos a lo largo del tiempo, como el modelo de Bohr y el modelo actual basado en la mecánica cuántica.

Modelo Molecular: Una representación simplificada y conceptual de la estructura y comportamiento de una molécula. En química teórica, los modelos moleculares se utilizan para comprender y predecir propiedades.

Molecular: En el contexto del hidrógeno, "molecular" se refiere a la forma en que el hidrógeno se encuentra naturalmente en la naturaleza, es decir, como moléculas diatómicas (H_2). Esta es la forma más común y estable del hidrógeno. Los halógenos en su forma elemental existen como moléculas diatómicas (F2, Cl2, Br2, I2, At2). Esta forma molecular es característica de estos elementos en estado gaseoso.

Monocapa: Capa de moléculas adsorbidas en una superficie que forma una única capa molecular.

Monómero: La unidad molecular simple que se repite en una cadena para formar un polímero. Los monómeros se unen mediante reacciones químicas para formar enlaces poliméricos.

Monosacárido: Los monosacáridos son los bloques de construcción más simples de los carbohidratos y no pueden descomponerse más por hidrólisis. Ejemplos incluyen la glucosa, la fructosa y la galactosa.

Monte Carlo: Un método de simulación estocástica que utiliza números aleatorios para evaluar sistemas complejos. En química computacional, se aplica para calcular propiedades termodinámicas y estructurales.

Nanocatalizador: El nanocatalizador suele consistir en nanopartículas de materiales catalíticos como metales nobles (p. ej., paladio, platino) o nanopartículas de óxidos metálicos.

Nanocatalizadores: Los nanocatalizadores son materiales catalíticos que se encuentran en la escala nanométrica, lo que les confiere propiedades únicas y ventajas significativas en comparación con los catalizadores convencionales. Los nanocatalizadores representan una área de investigación clave en la búsqueda de métodos más eficientes y sostenibles para llevar a cabo procesos químicos y contribuyen al desarrollo de la química verde y la nanotecnología.

Nanocompósitos: Los nanocompósitos son materiales que combinan una matriz polimérica o cerámica con nanopartículas u otras estructuras nanométricas. Esta combinación mejora las propiedades del material, ya que las nanopartículas refuerzan o modifican las características de la matriz.

Nanocompuestos (Q. Nanomateriales): Materiales que incorporan nanopartículas u otras estructuras nanométricas en una matriz más grande. Los nanocompuestos pueden mejorar propiedades mecánicas, térmicas o eléctricas en comparación con materiales convencionales.

Nanomateriales Metálicos (Q. Nanomateriales): Metales con estructuras nanométricas, como nanopartículas o nanotubos metálicos. Se utilizan en catalizadores, dispositivos electrónicos, recubrimientos y aplicaciones médicas.

Nanomateriales(Q. Nanomateriales): Los nanomateriales son sustancias que tienen dimensiones en la escala nanométrica, es decir, en el rango de 1 a 100 nanómetros. Estos materiales exhiben propiedades únicas debido a su tamaño reducido y a menudo muestran comportamientos distintos de los materiales a granel. La nanotecnología y los nanomateriales han revolucionado numerosos campos al permitir el diseño y la manipulación precisos de materiales a una escala extremadamente pequeña. Aunque ofrecen beneficios significativos, también plantean desafíos en términos de seguridad y regulación debido a su potencial impacto en la salud y el medio ambiente.

Nanopartículas (Q. Nanomateriales): Son partículas con dimensiones en la escala nanométrica. Debido a su tamaño, las nanopartículas pueden exhibir propiedades ópticas, magnéticas y químicas distintas de las partículas a mayor escala. Se utilizan en diversas aplicaciones, como la fabricación de dispositivos electrónicos, medicina, catalizadores y filtros.

Nanopartículas: Las nanopartículas en los nanocatalizadores permiten una distribución uniforme de los sitios activos, mejorando la selectividad y la eficiencia de la catálisis.

Nanotecnología (Q. Nanomateriales): Campo multidisciplinario que involucra la manipulación y utilización de materiales y dispositivos a escala nanométrica. La nanotecnología tiene aplicaciones en medicina, electrónica, materiales, energía y más.

Nanotecnología: Campo que se centra en la manipulación y control de estructuras a escala nanométrica. En química supramolecular, la nanotecnología puede involucrar la construcción de estructuras y dispositivos utilizando técnicas de autoensamblaje y autoorganización.

Nanotubo: Estructura cilíndrica a nanoescala, formada por la autoorganización de moléculas. Los nanotubos pueden tener aplicaciones en nanotecnología y ciencia de materiales.

Nanotubos (Q. Nanomateriales): Estructuras cilíndricas con diámetros nanométricos. Los nanotubos de carbono son un ejemplo común y se utilizan en aplicaciones como materiales compuestos, dispositivos electrónicos y nanotecnología médica.

Nanotubos de Grafeno: Los nanotubos de grafeno son cilindros enrollados de una o varias capas de grafeno. Comparten propiedades únicas con el grafeno, como su alta conductividad eléctrica y térmica, pero presentan una morfología tubular.

Nanotubos: Los nanotubos son estructuras cilíndricas formadas por átomos de carbono dispuestos en forma de nanotubos. Tienen propiedades únicas y se utilizan en nanotecnología y otras aplicaciones.

Natrón: El natrón es un mineral compuesto principalmente por carbonato de sodio decahidratado ($Na_2CO_3 \cdot 10H_2O$). Históricamente, se ha utilizado para la fabricación de vidrio y en procesos de momificación en el Antiguo Egipto.

Neón (Ne): Este gas noble es conocido por producir luz de color rojo-anaranjado cuando se utiliza en lámparas de neón. Es inerte y no reacciona fácilmente con otras sustancias, lo que lo hace ideal para aplicaciones en las que se busca luz brillante y colorida.

Neopreno: Un tipo de elastómero sintético conocido por su resistencia a la intemperie y a los aceites. El neopreno se utiliza en la fabricación de productos como trajes de buceo, juntas y revestimientos.

Neutralización: Reacción química entre un ácido y una base que resulta en la formación de agua y una sal. Durante la neutralización, los iones de hidrógeno del ácido se combinan con los iones hidroxilo de la base.

Neutrón: Es una partícula subatómica sin carga eléctrica y casi sin masa que se encuentra en el núcleo de un átomo. Los neutrones desempeñan un papel crucial en reacciones nucleares y son utilizados en diversas aplicaciones, como en la producción de energía en reactores nucleares. Contribuye a la masa del átomo sin afectar su carga.

Niquelina: La niquelina es un mineral que contiene níquel, a menudo en asociación con minerales de cobre y platino. Puede contener también otros metales del grupo del platino en trazas.

Nitrato de Potasio (KNO3): El nitrato de potasio es una sal que contiene potasio, nitrógeno y oxígeno. Se utiliza en la fabricación de pólvora, fertilizantes y en la industria alimentaria.

Nitrato de Sodio (NaNO3): El nitrato de sodio es una sal que contiene sodio y nitrato. Se utiliza en la industria alimentaria, la fabricación de explosivos y como agente conservante.

Nitrato: Un compuesto que contiene el ion nitrato (NO_3^-). Los nitratos son utilizados en fertilizantes y se encuentran en minerales como la salitre. El nitrato de potasio (KNO_3) es un ejemplo.

Nitrógeno (N): Gas diatómico que forma la mayor parte de la atmósfera. Esencial para compuestos orgánicos y componentes biológicos.

Nitroglicerina: Compuesto altamente explosivo. Se utiliza en la fabricación de dinamita. La nitroglicerina líquida es inestable y puede detonar fácilmente, pero cuando se incorpora en materiales como la dinamita, se vuelve más segura de manejar.

Nitruro: Compuesto que contiene nitruro, un ion negativo derivado del nitrógeno. Algunos nitruros tienen propiedades semiconductoras y se utilizan en tecnología electrónica.

Noble: El término "noble" a veces se utiliza para describir la baja reactividad de los gases halógenos en su forma elemental debido a su configuración electrónica.

Núcleo: La región central densa de un átomo que contiene protones y neutrones. La mayor parte de la masa de un átomo se concentra en el núcleo.

Nucleótido: Los nucleótidos son las unidades monoméricas que componen los ácidos nucleicos. Cada nucleótido consta de un grupo fosfato, un azúcar (ribosa en el ARN y desoxirribosa en el ADN) y una base nitrogenada.

Número de Coordinación: Número de enlaces coordinados entre el átomo central metálico y los ligandos en un complejo de coordinación.

Números Cuánticos: Son valores cuantizados que describen las propiedades de los electrones en un átomo. Incluyen el número cuántico principal (n), el número cuántico azimutal (l), el número cuántico magnético (m), y el espín del electrón.

Nutrientes (Química del Suelo):: Los nutrientes del suelo son sustancias esenciales para el crecimiento de las plantas. Estos incluyen macronutrientes como nitrógeno, fósforo y potasio, así como micronutrientes como zinc, hierro y manganeso.

Nutrientes: Sustancias esenciales para el crecimiento, desarrollo y mantenimiento del organismo. Incluyen carbohidratos, proteínas, grasas, vitaminas y minerales, y son obtenidos a través de la dieta.

Octaedro: Configuración geométrica común en complejos de coordinación, donde seis ligandos rodean al átomo central metálico formando un octaedro.

Oganessón (Og): El oganessón es un elemento sintético altamente radioactivo que pertenece al grupo de los gases nobles. Su existencia se ha confirmado en laboratorios y se obtiene mediante reacciones nucleares. Dada su inestabilidad, no se encuentra en la naturaleza y su aplicación es principalmente en investigaciones científicas sobre la estructura nuclear.

ólido: Un estado de la materia caracterizado por una forma y un volumen definidos. Las partículas en un sólido están fuertemente unidas y tienen una estructura ordenada.

Onda-Partícula: Es un principio fundamental de la mecánica cuántica que establece que las partículas subatómicas, como electrones, pueden exhibir tanto comportamiento de onda como de partícula. Esta dualidad esencial se ilustra con la función de onda.

Orbital Molecular: Una función matemática que describe la distribución de probabilidad de un par de electrones en una molécula. Los orbitales moleculares son fundamentales en la teoría de orbitales moleculares.

Orbital: En la teoría cuántica, un orbital es una región del espacio alrededor del núcleo de un átomo donde hay una alta probabilidad de encontrar un electrón. Los orbitales se describen mediante funciones de onda.

Orbitales: Regiones tridimensionales alrededor del núcleo donde los electrones tienen una alta probabilidad de encontrarse. Los orbitales se distribuyen en capas y subniveles, y cada uno puede contener un número específico de electrones.

Oro (Au): Un metal precioso de color amarillo brillante, conocido por su belleza y rareza. Se utiliza en joyería, monedas y electrónica debido a su conductividad. Históricamente, el oro ha sido valioso y ha desempeñado un papel importante en la economía.

Oro Coloidal: El oro coloidal se refiere a partículas extremadamente pequeñas de oro suspendidas en un líquido. Este fenómeno puede ser explorado en términos de la química coloidal y tiene aplicaciones en diversas áreas.

Oro Nativo: El oro nativo es oro en su forma elemental, no combinado con otros elementos. Puede encontrarse en varias formas, incluidas las pepitas, y es apreciado por su belleza y utilidad.

Osmio: El osmio es un metal del grupo del platino que tiene la densidad más alta de todos los elementos. Se utiliza en la fabricación de puntas de plumas estilográficas y en algunas aplicaciones electrónicas.

Oxidación: Proceso químico en el cual un átomo, ion o molécula pierde electrones. La oxidación suele ir de la mano con la ganancia de oxígeno o la pérdida de hidrógeno.

Óxido de Grafeno: El óxido de grafeno es una forma derivada del grafeno en la que algunos átomos de carbono de la red hexagonal están oxigenados. Este proceso de oxidación puede mejorar las propiedades del grafeno para ciertas aplicaciones.

Óxido: Un compuesto binario que contiene oxígeno como anión. Los óxidos pueden ser ácidos, básicos o neutros. Un ejemplo es el dióxido de carbono (CO_2), que es un óxido ácido.

Oxígeno (O): Gas esencial para la vida y la combustión. Forma parte del agua y muchos compuestos orgánicos. Durante la fotosíntesis, el oxígeno se produce como subproducto de la fotólisis del agua en el fotosistema II. Este oxígeno es liberado al ambiente y es esencial para la respiración aeróbica de muchos organismos.

Ozonización: La ozonización implica la adición de ozono al agua con el fin de desinfectarla y eliminar microorganismos patógenos. Es un método efectivo de desinfección en plantas de tratamiento de agua.

Ozono: Es un gas compuesto por moléculas de tres átomos de oxígeno (O3). La capa de ozono en la estratosfera protege la vida en la Tierra filtrando la radiación ultravioleta del sol, mientras que el ozono a nivel del suelo puede ser un contaminante atmosférico.

Paladio: El paladio es otro metal del grupo del platino. Tiene propiedades similares al platino y se utiliza comúnmente en la fabricación de catalizadores, especialmente en la industria automotriz.

Película Delgada: Las células solares de película delgada utilizan materiales semiconductores en forma de películas delgadas depositadas sobre sustratos, en lugar de utilizar bloques macizos de silicio. Esto permite una fabricación más flexible y a menudo más económica.

Penicilina: Descubierta por Alexander Fleming, la penicilina es uno de los primeros antibióticos utilizados en medicina. Pertenece a la clase de los betalactámicos y actúa inhibiendo la síntesis de la pared celular bacteriana.

Pepita: Una pepita de oro es una pieza de oro nativo que se encuentra en su forma metálica elemental en la naturaleza. Generalmente, las pepitas son pequeñas partículas de oro que se encuentran en depósitos aluviales.

Péptido: Un péptido es una cadena corta de aminoácidos unidos por enlaces peptídicos. Los péptidos pueden ser precursores de proteínas más grandes o tener funciones biológicas específicas por sí mismos.

Perclorato de Potasio (KClO4): El perclorato de potasio es una sal que contiene potasio y perclorato. Tiene aplicaciones en la industria pirotécnica y en la propulsión de cohetes.

Percolación (Química del Suelo):: La percolación se refiere al movimiento del agua a través del suelo. Este proceso es crucial para la recarga de acuíferos y la disponibilidad de agua para las plantas. La velocidad de percolación está influenciada por la textura del suelo.

Perfil Químico: La creación de un perfil químico implica identificar y cuantificar los componentes químicos presentes en una muestra. Este enfoque puede ayudar a establecer similitudes o diferencias entre diferentes muestras forenses.

Petalita: La petalita es otro mineral que contiene litio. Es un aluminosilicato de litio y aluminio y se utiliza como fuente de litio.

pH (Química del Suelo): El pH del suelo es una medida de su acidez o alcalinidad. Varía en una escala de 0 a 14, donde 7 es neutro, valores por debajo de 7 indican acidez y valores por encima de 7 indican alcalinidad. El pH del suelo influye en la disponibilidad de nutrientes para las plantas.

pH: Un indicador de acidez o alcalinidad de una solución. La escala de pH varía de 0 a 14, donde 7 es neutral. Valores por debajo de 7 indican acidez, y valores por encima de 7 indican alcalinidad.

Piezoeléctrico (Ferroeléctricos): La piezoelectricidad es una propiedad de ciertos materiales que generan una carga eléctrica en respuesta a la aplicación de tensiones mecánicas. Los materiales piezoeléctricos son fundamentales en la construcción de dispositivos como transductores ultrasónicos, micrófonos y actuadores.

Pigmento: Un material que cambia el color de la luz que refleja o emite como resultado de la absorción selectiva de ciertas longitudes de onda. Los pigmentos son utilizados en pinturas, tintas y otros productos para proporcionar color. Es una sustancia que absorbe selectivamente ciertas longitudes de onda de luz. En la fotosíntesis, la clorofila es el pigmento principal, pero también hay otros pigmentos accesorios, como los carotenoides, que ayudan en la captura de luz.

Pirita Aurífera: La pirita aurífera es un mineral que contiene sulfuro de hierro y, a veces, pequeñas cantidades de oro. Su presencia puede ser indicativa de la posible existencia de oro en un yacimiento.

Pirita: La pirita es un mineral que contiene azufre y hierro. También se conoce como "el oro de los tontos" debido a su brillo metálico, pero no tiene valor real de oro. Es un mineral de sulfuro de hierro (FeS_2). Tiene un color amarillo latón y se asocia comúnmente con depósitos de oro.

Pirólisis: Descomposición térmica de un material orgánico en ausencia de oxígeno. En la pirólisis, el material se descompone en productos más simples, como gases y alquitranes, a altas temperaturas.

Plaguicida: El término "plaguicida" es un concepto general que engloba diversas sustancias diseñadas para combatir plagas. Incluye insecticidas, herbicidas, fungicidas y otros productos

Plasma: Un estado de la materia en el cual los electrones son arrancados de los átomos, creando una mezcla de iones y electrones libres. Los plasmas se encuentran comúnmente en estrellas y otros entornos de alta energía.

Plata (Ag): Otro metal precioso, la plata es conocida por su brillo y conductividad térmica y eléctrica. Se utiliza en joyería, fotografía, espejos y electrónica. También tiene propiedades antimicrobianas.

Platino: El platino es un metal precioso de transición conocido por su alta resistencia a la corrosión y su capacidad para resistir el desgaste. Se utiliza en joyería, catalizadores, dispositivos médicos y más.

Pluma Hidrotermal: Corriente de agua cargada de minerales y compuestos químicos calientes que emerge de una abertura en el fondo del océano en una zona de actividad hidrotermal.

Poliacrilonitrilo: Polímero sintético utilizado en la producción de fibras, especialmente conocido por su aplicación en la fabricación de fibras de carbono, que se utilizan en la industria aeroespacial y en la construcción de materiales compuestos de alta resistencia.

Policaprolactona: La policaprolactona es un polímero biodegradable y biocompatible que se utiliza en aplicaciones como envases y productos médicos. Se descompone en productos no tóxicos.

Poliéster Biodegradable: Estos poliésteres están diseñados para descomponerse más rápidamente que los poliésteres convencionales, reduciendo así la acumulación de desechos plásticos en el medio ambiente.

Poliéster: Polímero que forma fibras resistentes y duraderas. Se utiliza en la fabricación de telas y envases, y también como componente en resinas y materiales compuestos.

Poliestireno: Otro polímero termoplástico, ligero, transparente y rígido. Se utiliza en la fabricación de envases, juguetes, utensilios desechables y espuma de poliestireno expandido, comúnmente conocida como espuma de poliestireno o corcho blanco.

Polietileno Verde: El polietileno verde se produce a partir de etanol derivado de fuentes vegetales renovables, en lugar de petróleo. Tiene propiedades similares al polietileno convencional y se utiliza en bolsas, envases y otros productos plásticos. Aunque no es completamente biodegradable, su producción utiliza recursos renovables y reduce las emisiones de carbono.

Polietileno: Un polímero termoplástico ampliamente utilizado, perteneciente a la familia de las poliolefinas. Es conocido por su flexibilidad, resistencia química y versatilidad, y se utiliza comúnmente en envases y bolsas.

Polifenoles: Son compuestos presentes en frutas, verduras, té, vino tinto y otros alimentos. Tienen propiedades antioxidantes y antiinflamatorias, y se asocian con diversos beneficios para la salud.

Polihidroxialcanoato (PHA): Los PHA son poliésteres termoplásticos producidos naturalmente por ciertos microorganismos. Son biodegradables y se utilizan en aplicaciones que van desde envases hasta productos médicos.

Polihidroxibutirato (PHB): El PHB es un poliéster termoplástico que se produce a través de procesos biológicos en bacterias. Es biodegradable y se utiliza en aplicaciones que van desde envases hasta dispositivos médicos.

Polimerización: Proceso utilizado para unir monómeros para formar polímeros. Puede ser utilizado en la producción de plásticos, fibras sintéticas y otros materiales poliméricos.

Polímeros: Macromoléculas formadas por la repetición de unidades estructurales llamadas monómeros. Los polímeros pueden tener propiedades sólidas y se utilizan en una amplia variedad de aplicaciones, desde plásticos hasta fibras.

Polioxietileno: Polímero utilizado en la fabricación de productos químicos, detergentes y lubricantes. También se encuentra en productos de cuidado personal, como cremas y lociones, debido a sus propiedades emulsionantes.

Polipropileno Bio: Tiene propiedades similares al polietileno convencional y se utiliza en bolsas, envases y otros productos plásticos. Presenta propiedades similares al polipropileno convencional y se utiliza en una variedad de aplicaciones, desde envases hasta componentes automotrices.

Polipropileno: Otro polímero termoplástico, ampliamente utilizado en aplicaciones industriales y de consumo. Es liviano y tiene propiedades de resistencia al calor y al impacto. Se utiliza en una variedad de aplicaciones, desde envases hasta componentes automotrices o textiles.

Polisacárido: Los polisacáridos son cadenas largas de unidades de azúcares. Son comunes en la naturaleza y cumplen diversas funciones. Pueden ser utilizados para almacenar energía (como el almidón) o proporcionar estructura (como la celulosa).

Poliuretano: Polímero versátil que se utiliza en una variedad de aplicaciones, desde espumas suaves hasta recubrimientos duros y elásticos. Se emplea en la fabricación de espumas para colchones y almohadas, selladores, adhesivos y revestimientos protectores.

Polvo de Cacao: Es el resultado de moler los granos de cacao después de extraer la manteca de cacao. Contiene sólidos de cacao, que aportan sabor y color al chocolate.

Polvo Negro: Mezcla explosiva de nitrato de potasio, carbón y azufre. Fue uno de los primeros explosivos utilizados y se empleó en la minería y en armamento antes de ser reemplazado por compuestos más potentes y seguros.

Primer Principio de la Termodinámica: También conocido como el principio de conservación de la energía, establece que la energía total de un sistema aislado se mantiene constante. La energía puede cambiar de forma, pero no puede ser creada ni destruida.

Principio de Exclusión: También conocido como el Principio de Exclusión de Pauli, establece que dos electrones en un átomo no pueden tener los mismos números cuánticos. Esto significa que no pueden ocupar el mismo orbital al mismo tiempo con los mismos valores de espín.

Procesado: Conjunto de operaciones y técnicas aplicadas a los alimentos para modificar su forma, composición, sabor o características organolépticas. Incluye métodos como la cocción, congelación, deshidratación y pasteurización.

Proceso Bayer: Método para la producción de alúmina (óxido de aluminio) a partir de la bauxita. Es un paso importante en la obtención de aluminio, ya que la alúmina es un precursor esencial. Fue desarrollado por Karl Bayer.

Proceso Contact: Proceso utilizado para la producción industrial de ácido sulfúrico. Involucra la oxidación catalítica del dióxido de azufre (proveniente de la combustión de azufre) para obtener trióxido de azufre, que luego reacciona con agua para formar ácido sulfúrico. Es un proceso clave en la producción de ácido sulfúrico a escala comercial.

Proceso Solvay: Proceso químico para la producción de carbonato de sodio a partir de sal común (cloruro de sodio), amoníaco y dióxido de carbono. Es una alternativa al método Leblanc y es más sostenible debido a la menor generación de subproductos.

Programas: Software específico diseñado para realizar cálculos y simulaciones en el campo de la química computacional. Ejemplos incluyen Gaussian, NWChem, y otros programas especializados.

Proteína: Las proteínas son macromoléculas compuestas por cadenas de aminoácidos. Desempeñan un papel fundamental en diversas funciones biológicas, como la estructura celular, el transporte de sustancias, reparación de tejidos y la catálisis de reacciones químicas.

Protocolo de Kioto: Acuerdo internacional diseñado para reducir las emisiones de gases de efecto invernadero y abordar el cambio climático. Fue adoptado en 1997 en Kioto, Japón, y establece

Protón: Una partícula subatómica con carga positiva que se encuentra en el núcleo de un átomo. El número de protones en un átomo determina su identidad química.

Punto de Curie (Ferroeléctricos): El punto de Curie es la temperatura a la cual un material ferromagnético o ferroeléctrico pierde sus propiedades ferromagnéticas o ferroeléctricas, respectivamente. En el contexto de los materiales ferroeléctricos, el punto de Curie marca la transición entre la fase ferroeléctrica y la fase paraeléctrica.

Punto de Ebullición: La temperatura a la cual una sustancia pasa del estado líquido al estado gaseoso a presión atmosférica normal. Al igual que el punto de fusión, es una propiedad específica de cada sustancia.

Punto de Fusión: La temperatura a la cual una sustancia pasa del estado sólido al estado líquido a presión atmosférica normal. Es una propiedad característica de cada sustancia y puede variar ampliamente.

PVC (Policloruro de Vinilo): Un polímero termoplástico que se utiliza en una amplia gama de aplicaciones, incluyendo tuberías, cables, ropa y carpintería. Su versatilidad se debe a su durabilidad y resistencia a la intemperie.

Q. Biocombustibles: Los biocombustibles son fuentes de energía derivadas de materiales biológicos renovables. Desempeñan un papel crucial en la transición hacia fuentes de energía más sostenibles y renovables, contribuyendo a la reducción de las emisiones de gases de efecto invernadero y a la diversificación de las fuentes de energía.

Q. Carbohidratos: Los carbohidratos son una clase de biomoléculas esenciales para los seres vivos, y desempeñan un papel crucial en el almacenamiento y suministro de energía. Los términos aquí expuestos ayudan a comprender la diversidad y funciones de los carbohidratos en los sistemas biológicos, destacando su importancia en la nutrición y la bioquímica.

Q. Material Magnético: Un material magnético es aquél que exhibe propiedades magnéticas, lo que significa que puede interactuar con campos magnéticos y, a su vez, generar su propio campo magnético. Estos materiales pueden clasificarse en varias categorías según sus propiedades magnéticas específicas, como el ferromagnetismo, antiferromagnetismo o ferrimagnetismo.

Q. Supramolecular: La química Supramolecular es el campo de la química que estudia las interacciones y organizaciones moleculares más allá de las uniones covalentes, centrándose en sistemas formados por múltiples moléculas. La química supramolecular y la nanotecnología tienen aplicaciones potenciales en áreas como la medicina, la electrónica y la ingeniería de materiales, aprovechando las propiedades emergentes de las estructuras autoensambladas a nanoescala.

Q. Termoeléctricos: El término "termoeléctricos" se refiere a la rama de la tecnología que se ocupa de la conversión de calor en electricidad mediante el uso de materiales termoeléctricos. Estos materiales exhiben el efecto termoeléctrico, que es la capacidad de generar una corriente eléctrica cuando se establece un gradiente de temperatura a lo largo del material. La investigación y desarrollo en el campo de los dispositivos termoeléctricos están orientados a mejorar la eficiencia y encontrar aplicaciones prácticas para esta tecnología en diversos sectores de la industria.

QSAR (Relación Estructura-Actividad Cuantitativa): Una herramienta que establece correlaciones cuantitativas entre la estructura química de un compuesto y su actividad biológica. Se utiliza para predecir las propiedades biológicas de nuevas moléculas en función de su estructura.

Quelato: Complejo de coordinación en el cual un ligando forma múltiples enlaces coordinados con el átomo central metálico, creando un anillo.

Química Ambiental: Es una rama de la química que se enfoca en el estudio de los procesos químicos que ocurren en el medio ambiente, incluyendo la identificación y evaluación de contaminantes, así como su impacto en los ecosistemas.

Química Analítica: La rama de la química que se ocupa de estudiar y determinar la composición química de las sustancias. Se centra en las técnicas y métodos para el análisis cuantitativo y cualitativo de las muestras.

Química Atmosférica: Estudio de la composición química de la atmósfera, así como de los procesos químicos y reacciones que tienen lugar en ella. Ayuda a entender la formación de la contaminación y su impacto en la salud y el medio ambiente.

Química Computacional: Un campo interdisciplinario que utiliza métodos y técnicas computacionales para abordar problemas químicos. Implica el desarrollo y la aplicación de algoritmos y programas informáticos para simular y entender fenómenos químicos. Desempeña un papel crucial en la investigación química moderna, permitiendo a los científicos simular y comprender sistemas que de otra manera serían difíciles o imposibles de estudiar en el laboratorio.

Química Cuántica: Es una rama de la química y la física que estudia los sistemas químicos utilizando principios y métodos de la mecánica cuántica. Se centra en entender el comportamiento de partículas subatómicas, como electrones y átomos, en el contexto de las reacciones químicas.

Química Cuántica (Química computacional): Una rama de la química que utiliza principios de la mecánica cuántica para entender y predecir el comportamiento de sistemas químicos. En química computacional, la química cuántica se aplica mediante métodos ab initio.

Química de alimentos: La química de alimentos es una rama importante de la ciencia alimentaria que estudia la composición química de los alimentos y cómo los componentes químicos interactúan durante la preparación, procesamiento y consumo de alimentos.

Química de coordinación: Rama de la química que se centra en el estudio de los complejos de coordinación, que son compuestos formados por un átomo central metálico unido a moléculas o iones llamados ligandos. La química de coordinación es esencial para comprender cómo los metales interactúan con ligandos y cómo estas interacciones afectan las propiedades de los complejos resultantes. Estos complejos son fundamentales en aplicaciones que van desde la catálisis hasta la medicina.

Química de Estado Sólido: Una rama de la química que se ocupa de los materiales en estado sólido, investigando sus propiedades y estructuras. Aquí se abarca desde la estructura cristalina hasta las propiedades de conducción eléctrica y las aplicaciones de materiales porosos y polímeros.

Química de los Halógenos: Los halógenos son un grupo de elementos químicos que comprenden flúor (F), cloro (Cl), bromo (Br), yodo (I), astato (At) y tenesino (Ts). Son altamente reactivos y comparten propiedades similares. La química de los halógenos se centra en el estudio de los elementos pertenecientes al grupo 17 de la tabla periódica, conocidos como halógenos. Los términos expuestos proporcionan una visión general de los halógenos y algunos de sus compuestos representativos. Los halógenos son elementos cruciales en la química y tienen diversas aplicaciones en la industria y la investigación.

Química de Polímeros: Es una rama de la química que se centra en el estudio de los polímeros, que son macromoléculas formadas por la repetición de unidades estructurales llamadas monómeros.

Química de superficies: La química de superficies se centra en el estudio de las propiedades y comportamientos de las sustancias en la interfaz entre diferentes fases, como sólidos, líquidos y gases. Entender estos procesos es crucial en aplicaciones que van desde la catálisis hasta la fabricación de materiales.

Química del Agua: La química del agua se ocupa de los procesos químicos y propiedades asociadas con el agua. Es fundamental para garantizar la calidad y seguridad del suministro de agua potable, así como para abordar los desafíos asociados con la disponibilidad y tratamiento del agua en diversas aplicaciones.

Química del Aluminio: La química del aluminio abarca diversos compuestos y minerales que contienen este metal. Los términos aquí expuestos representan distintas formas en las que el aluminio se encuentra en la naturaleza y se utiliza en diversas aplicaciones industriales y geológicas.

Química del Azufre: La química del azufre es una rama de la química que se enfoca en el estudio de los compuestos que contienen azufre. Los términos expuestos proporcionan una visión general de algunos aspectos clave de la química del azufre, destacando su presencia en diversos compuestos

Química del Carbono: La química del carbono es una rama fundamental de la química que se centra en el estudio de los compuestos que contienen carbono. El carbono es un elemento excepcionalmente versátil que puede formar una amplia variedad de compuestos debido a su capacidad para enlazarse consigo mismo y con otros elementos. Los elementos expuestos proporcionan una visión general de algunos aspectos clave de la química del carbono, destacando la diversidad y versatilidad de este elemento en la formación de compuestos y estructuras.

Química del Caucho: Rama de la química que se enfoca en el estudio y producción de materiales elastoméricos, como el caucho natural y los polímeros sintéticos relacionados. La química del caucho desempeña un papel fundamental en la fabricación de una amplia variedad de productos elastoméricos esenciales en la industria y en la vida cotidiana.

Química del Cobre: La química del cobre abarca diversos compuestos y minerales que contienen este metal. Los minerales aquí expuestos representan distintas formas en las que el cobre se encuentra en la naturaleza y han sido históricamente importantes en la minería y metalurgia del

Química del Color: Un campo que explora la interacción entre los compuestos químicos y la percepción del color. Examina cómo los pigmentos y colorantes afectan el espectro de luz y cómo percibimos los colores. Es esencial para entender cómo interactúan los compuestos químicos con la luz y cómo se perciben los colores en diferentes aplicaciones, desde la pintura hasta la impresión y la visualización electrónica.

Química del Colorante: Esta rama de la química se enfoca en el estudio y desarrollo de compuestos químicos utilizados para conferir color a diversos materiales. La química del colorante desentraña los procesos y compuestos que permiten la coloración de una amplia gama de materiales, desde textiles y plásticos hasta alimentos y cosméticos.

Química del Fósforo: La química del fósforo se centra en el estudio de los compuestos que contienen fósforo, un elemento esencial que desempeña un papel fundamental en la biología y otros campos. Los términos aquí expuestos ofrecen una visión general de algunos aspectos clave de la química del fósforo, destacando su presencia en diversas formas alotrópicas, su importancia en la biología y su papel vital en la agricultura.

Química del Hidrógeno: La química del hidrógeno es una rama de la química que se centra en el estudio de los compuestos que contienen hidrógeno, uno de los elementos más simples y abundantes en el universo. Los términos expuestos proporcionan una visión general de algunos aspectos clave de la química del hidrógeno, destacando su diversidad de formas y aplicaciones en diversos campos científicos e industriales.

Química del Hierro: La química del hierro abarca diversos compuestos y minerales que contienen este metal. Los minerales expuestos aquí representan distintas formas en las que el hierro se encuentra en la naturaleza y han sido históricamente cruciales en la metalurgia y la producción de .

Química del Litio: Litio (Li): El litio es un metal alcalino ligero que se encuentra en el grupo 1 de la tabla periódica. Es conocido por su baja densidad y su uso en baterías recargables. La química del litio se refiere a los compuestos y minerales que contienen este elemento alcalino. Los términos expuestos describen algunos de los compuestos y minerales asociados con la química del litio. El litio es un elemento importante en la fabricación de baterías recargables y tiene diversas aplicaciones en la industria química.

Química del Mercurio: La química del mercurio involucra varios minerales y compuestos relacionados con este elemento. Los términos aquí expuestos describen algunos de los componentes y compuestos relacionados con la química del mercurio. Cabe destacar que el mercurio es un elemento que ha sido objeto de atención debido a su toxicidad, y su uso se ha

Química del Oro: La química del oro incluye diversos términos que describen su presencia en la naturaleza, sus formas y algunas de sus propiedades. Los términos aquí expuestos describen las diversas formas y contextos en los que el oro se encuentra en la naturaleza, así como algunas de las maneras en que se utiliza y se aprecia.

Química del Platino: La química del platino involucra varios elementos y compuestos relacionados con este metal del grupo del platino. Los términos aquí expuestos describen algunos de los componentes y compuestos relacionados con la química de los metales del grupo del platino. Estos metales son valiosos debido a sus propiedades únicas y se utilizan en diversas aplicaciones

Química del Plomo: La química del plomo incluye diversos minerales y compuestos que están relacionados con la presencia y la utilización del plomo en la naturaleza. Los términos aquí expuestos describen algunos de los minerales y compuestos asociados con la química del plomo. La presencia y el uso del plomo en diversas formas han tenido implicaciones históricas y ambientales, y el conocimiento de estos términos es relevante en el estudio de la mineralogía y la química de este elemento.

Química del Potasio: Potasio (K): El potasio es un metal alcalino ubicado en el grupo 1 de la tabla periódica. Es esencial para muchas funciones biológicas y se encuentra en varios compuestos y minerales. La química del potasio involucra varios compuestos y minerales que contienen este metal alcalino. Los términos expuestos describen algunos de los compuestos y minerales asociados con la química del potasio. El potasio es un elemento esencial para las plantas y los organismos, y sus compuestos tienen diversas aplicaciones industriales y comerciales.

Química del Silicio: La química del silicio se centra en el estudio de los compuestos que contienen silicio, un elemento ubicado en el grupo 14 de la tabla periódica. Los términos expuestos ofrecen una visión general de la química del silicio y de algunos de los compuestos y materiales clave asociados con este elemento. El silicio desempeña un papel esencial en numerosas aplicaciones tecnológicas y materiales.

Química del Sodio: El sodio (NA) es un metal alcalino que pertenece al grupo 1 de la tabla periódica. Es altamente reactivo y se encuentra en la naturaleza en forma de diversos compuestos. La química del sodio implica varios compuestos y minerales que contienen este metal alcalino altamente reactivo. Los términos aquí expuestos describen algunos de los compuestos y minerales asociados con la química del sodio. El sodio es un elemento esencial para muchos procesos biológicos y tiene

Química del Suelo: La química del suelo se centra en el estudio de los componentes químicos presentes en el suelo y sus interacciones. **Es fundamental para comprender cómo interactúan los diferentes componentes del suelo y cómo afectan al crecimiento de las plantas y otros organismos que dependen de este medio.**

Química del Talio: El talio es un metal blando, grisáceo y muy venenoso. Tiene el símbolo Tl y el número atómico 81. Se utiliza en algunos dispositivos electrónicos y tiene aplicaciones en la investigación médica. La química del talio involucra varios minerales y compuestos que contienen este metal raro. Los términos aquí expuestos describen algunos de los minerales y compuestos asociados con la química del talio. Es importante destacar que el talio es un metal tóxico, y se deben tomar precauciones adecuadas al trabajar con él o sus compuestos.

Química del Uranio: El uranio es un elemento químico con el símbolo U y el número atómico 92. Es conocido por su capacidad para experimentar fisión nuclear y se utiliza en la generación de energía nuclear y en aplicaciones militares. La química del uranio abarca varios minerales y compuestos asociados con este elemento radioactivo. Los términos aquí expuestos describen algunos de los minerales y compuestos asociados con la química del uranio. Debido a la radiactividad del uranio, su

Química del Vidrio: Rama de la química que se centra en el estudio de los materiales vítreos y sus propiedades. El vidrio es una sustancia amorfa, no cristalina, que se forma mediante el enfriamiento rápido de un líquido, generalmente una mezcla fundida de sílice y otros componentes.

Química del Vino: El vino es una bebida alcohólica producida a través de la fermentación de la uva, y su sabor y características únicas involucran diversos componentes químicos. La química del vino es un campo fascinante que combina la ciencia y el arte, permitiendo a los amantes del vino explorar la riqueza de sus perfiles aromáticos y gustativos.

Química del Zinc: La química del zinc abarca varios minerales que contienen este metal. Los términos aquí expuestos describen algunos de los minerales asociados con la química del zinc. La zincurgia, que se refiere a la extracción y procesamiento del zinc, es una parte importante de la metalurgia y la industria minera.

Química farmacéutica: La química farmacéutica es una disciplina que combina la química y la farmacología para descubrir, desarrollar y analizar medicamentos. Se centra en la síntesis, diseño, caracterización y evaluación de compuestos químicos con propiedades farmacológicas.

Química Forense: Es una rama de la química que utiliza principios y técnicas químicas para resolver crímenes y disputas legales. Los químicos forenses aplican su conocimiento para analizar evidencias y proporcionar información valiosa en investigaciones criminales.

Química Fotosíntesis: La fotosíntesis es un proceso vital en el que las plantas, algas y algunas bacterias utilizan la energía de la luz para convertir el dióxido de carbono y el agua en glucosa y oxígeno. Los términos aquí expuestos proporcionan una comprensión más profunda de los procesos y componentes involucrados en la fotosíntesis, un fenómeno fundamental para la vida en la Tierra.

Química industrial: La química industrial desempeña un papel crucial en la fabricación de una amplia variedad de productos que utilizamos en la vida cotidiana, desde alimentos y productos farmacéuticos hasta materiales de construcción y combustibles.

Química Marina: Rama de la química que se enfoca en el estudio de los componentes químicos presentes en los océanos, mares y otras masas de agua salada. Examina la composición del agua, los sedimentos marinos y los procesos químicos únicos en entornos marinos.

Química Medicinal: Es una disciplina que combina principios de química, biología y farmacología para el diseño y desarrollo de compuestos químicos (fármacos) con propiedades terapéuticas. Su objetivo es descubrir moléculas que puedan utilizarse en el tratamiento de enfermedades.

Química Nuclear: Es una rama de la química que estudia las propiedades y comportamientos de los núcleos atómicos, así como las transformaciones nucleares, como la radiactividad, la fisión y la fusión nuclear.

Química Oceánica: Específicamente se centra en la química de los océanos, abordando aspectos como la salinidad, la composición de los sedimentos, los ciclos biogeoquímicos y la interacción entre los océanos y la atmósfera.

Química Orgánica: La química orgánica se centra en el estudio de los compuestos que contienen carbono, y los hidrocarburos son una categoría fundamental en este campo.

Química Organometálica: Un campo de la química que estudia compuestos que contienen enlaces entre átomos de carbono y metal. Estos compuestos, llamados organometálicos, pueden tener aplicaciones en catálisis, síntesis orgánica y materiales.

Química Teórica: Una rama de la química que utiliza principios y modelos teóricos, así como métodos matemáticos y computacionales, para entender y predecir el comportamiento químico y las propiedades de los sistemas químicos.

Química Verde: También conocida como química sostenible, busca reducir o eliminar el uso y la generación de sustancias peligrosas en el diseño, la producción y la aplicación de productos químicos. El objetivo es minimizar el impacto ambiental y mejorar la eficiencia en el uso de recursos.

Química. Ácidos Nucleicos: Son macromoléculas esenciales que llevan información genética en las células. Estos conceptos son fundamentales para entender cómo la información genética se almacena, replica y utiliza para dirigir la síntesis de proteínas en los organismos vivos.

Química. Antibióticos: Los antibióticos son sustancias químicas producidas por microorganismos que tienen la capacidad de inhibir o destruir el crecimiento de bacterias y otros microorganismos. Los antibióticos aquí expuestos han sido fundamentales en el tratamiento de diversas infecciones bacterianas y han contribuido significativamente a la medicina moderna. Es importante utilizarlos de manera responsable para prevenir la resistencia bacteriana.

Química. Antioxidantes: Los antioxidantes son sustancias que protegen a las células del daño causado por los radicales libres, que son moléculas inestables producidas durante el metabolismo normal y en respuesta a factores ambientales como la radiación y la contaminación. El consumo equilibrado de alimentos ricos en estos antioxidantes puede ayudar a mantener el equilibrio redox en el cuerpo y proteger contra el estrés oxidativo, que está asociado con diversas enfermedades y el envejecimiento.

Química. Chocolate: El chocolate es un producto derivado del cacao y tiene una composición compleja que involucra varios compuestos químicos. Aquí se describen algunos de los componentes químicos clave del chocolate. Además de su complejidad química, es apreciado en todo el mundo por su exquisito sabor y su capacidad para brindar placer sensorial.

Química. Combustión: Reacción química entre un combustible y un oxidante, generalmente el oxígeno del aire. En la combustión, se liberan calor y luz, y los productos típicos incluyen dióxido de carbono y agua.

Química. Explosiones: Área que aborda la química de los explosivos y las reacciones que llevan a la liberación rápida de energía en forma de gases y calor. Esto incluye el estudio de sustancias como la nitroglicerina, TNT y dinamita, así como los mecanismos de detonación.

Química. Lípidos: Los lípidos son una clase diversa de moléculas orgánicas que desempeñan roles esenciales en la estructura celular, el almacenamiento de energía y la señalización. Los términos aquí expuestos ayudan a comprender la diversidad estructural y funcional de los lípidos, subrayando su importancia en procesos biológicos clave.

Química. Los Aromas: Área de la química que se centra en el estudio y la creación de sustancias que proporcionan olores agradables. Los aromas son fundamentales en la industria alimentaria, cosmética y perfumería.

Química. Pesticidas: Los pesticidas son sustancias químicas diseñadas para controlar plagas que afectan a los cultivos, plantas o entornos. El uso y la gestión de los pesticidas son aspectos cruciales en la agricultura y el control de plagas, y la química desempeña un papel fundamental en el desarrollo y comprensión de estos productos.

Química. Proteínas: Las proteínas son macromoléculas esenciales en los sistemas biológicos, desempeñando funciones cruciales en la estructura celular, la regulación metabólica y la transmisión de señales. Los conceptos aquí descritos son fundamentales para comprender la complejidad estructural y funcional de las proteínas, destacando su papel crucial en la biología y la química de los organismos vivos.

Quimioterapia: Un tratamiento médico que utiliza productos químicos (quimioterapéuticos) para tratar enfermedades, especialmente el cáncer. En química medicinal, se busca desarrollar compuestos efectivos y selectivos para la quimioterapia contra células cancerosas.

Radiación Alfa: Es un tipo de radiación ionizante que consiste en partículas alfa, compuestas por dos protones y dos neutrones. Este tipo de radiación es menos penetrante que la radiación beta o gamma y se puede detener fácilmente por materiales densos.

Radiación Beta: Es un tipo de radiación ionizante que consiste en electrones (beta negativa) o positrones (beta positiva) emitidos por un núcleo inestable. La radiación beta tiene mayor capacidad de penetración que la radiación alfa.

Radiactividad: Es la propiedad de ciertos núcleos atómicos de emitir partículas subatómicas o radiación electromagnética espontáneamente. Esta radiación puede ser alfa, beta o gamma.

Radio Atómico: La medida del tamaño de un átomo. Generalmente se expresa en picómetros (pm) o en ángstroms (Å). El radio atómico tiende a aumentar hacia abajo en un grupo y disminuir hacia la derecha en un periodo de la tabla periódica.

Radón (Rn): El radón es un gas noble radioactivo que se forma por la descomposición del uranio en el suelo. Puede acumularse en espacios cerrados y su inhalación a largo plazo puede representar riesgos para la salud.

Ramificación: La ramificación se refiere a la presencia de grupos laterales o ramas en una cadena principal de carbono en un compuesto orgánico. La estructura ramificada puede afectar las propiedades y el comportamiento químico del compuesto.

Reacciones Químicas: Los nanocatalizadores son aplicados en diversas reacciones químicas, como hidrogenación, oxidación, acoplamiento, reducción, entre otras.

Reactivo (Química del Colorante) Los colorantes reactivos se combinan químicamente con las fibras durante el proceso de tintura. Son comúnmente utilizados en la coloración de algodón.

Reactivo Benigno: Son sustancias químicas utilizadas en reacciones que presentan un riesgo mínimo para la salud humana y el medio ambiente. La química verde promueve el uso de reactivos benignos siempre que sea posible.

Reactivo: Una sustancia que participa en una reacción química. Puede referirse tanto a los reactivos iniciales como a cualquier sustancia que cambie durante la reacción.

Receptor: Molécula en una célula o tejido que se une específicamente a un fármaco, hormona o neurotransmisor, desencadenando una respuesta biológica.

Reducción: Proceso químico en el cual un átomo, ion o molécula gana electrones. La reducción suele ir de la mano con la ganancia de hidrógeno o la pérdida de oxígeno.

Refinado del Petróleo: Conjunto de procesos utilizados para separar y purificar los componentes del petróleo crudo. Incluye la destilación fraccionada, la craqueo, la desulfuración, la hidrodesulfuración y otros procesos para obtener productos petroleros refinados como gasolina, diesel y productos químicos.

Reformado: Proceso de transformación de hidrocarburos saturados en compuestos aromáticos y olefinas. Aumenta el octanaje de la gasolina y produce compuestos útiles en la industria química.

Replicación: Durante la replicación del ADN, la molécula de ADN se duplica antes de la división celular. Cada cadena de ADN sirve como molde para la síntesis de una nueva cadena complementaria, asegurando que la información genética se transmita a las células hijas de manera precisa. Es esencial para la transmisión precisa de la información genética a la descendencia.

Residuo Tóxico: Un residuo, ya sea sólido, líquido o gaseoso, que contiene sustancias tóxicas que pueden representar un riesgo para la salud humana y el medio ambiente.

Residuos: Los residuos de pesticidas se refieren a las cantidades remanentes de pesticidas que pueden quedar en cultivos, alimentos u otros elementos después de la aplicación. La gestión adecuada de estos residuos es esencial para garantizar la seguridad alimentaria y la protección del medio ambiente.

Rodenticida: Un rodenticida es un pesticida diseñado para controlar poblaciones de roedores, como ratas y ratones. Estos productos suelen contener venenos que afectan el sistema nervioso de los roedores.

Rodio: El rodio es un metal de transición del grupo del platino que se utiliza principalmente en la industria de la joyería y como recubrimiento para mejorar la resistencia a la corrosión en la electrónica.

Rojo: El fósforo rojo es otra forma alotrópica del fósforo. A diferencia del fósforo blanco, es más estable y no es tan reactivo al oxígeno. Se utiliza en la fabricación de cerillas.

Rutenio: El rutenio es un metal de transición del grupo del platino que se utiliza en aleaciones con platino para hacer resistencias eléctricas y en la fabricación de catalizadores.

Saborizante: Sustancia que se agrega a alimentos y bebidas para proporcionarles un sabor específico. Los saborizantes pueden ser naturales o artificiales y se utilizan para mejorar o imitar sabores.

Sacarosa: La sacarosa es un disacárido formado por la unión de una molécula de glucosa y una molécula de fructosa. Es el azúcar comúnmente conocido como azúcar de mesa.

Sal: Un compuesto químico formado por la reacción entre un ácido y una base. Las sales son generalmente sólidas y se disocian en iones en solución acuosa.

Sales: Compuestos iónicos formados por la reacción de un ácido con una base. Las sales se componen de iones positivos (cationes) y iones negativos (aniones). Por ejemplo, el cloruro de sodio (NaCl) es una sal común formada por el catión Na^+ y el anión Cl^-.

Segundo Principio de la Termodinámica: Establece que en cualquier proceso espontáneo, la entropía del universo siempre aumenta. También introduce el concepto de la dirección del tiempo y la irreversibilidad de ciertos procesos.

Selenio: Un oligoelemento esencial que forma parte de algunas enzimas antioxidantes clave. Contribuye a proteger las células contra el estrés oxidativo.

Semiconductores: Materiales que tienen una conductividad eléctrica entre la de los conductores y la de los aislantes. Se utilizan en la fabricación de dispositivos electrónicos.

Siderita: La siderita es un mineral de carbonato de hierro (FeCO3) que puede tener diferentes colores, incluyendo amarillo, marrón y gris. Aunque no es una mena principal, a veces se utiliza como fuente de hierro.

Sílex: El sílex es una roca sedimentaria compuesta principalmente de sílice. Puede contener minerales que contienen potasio, pero no es específicamente un compuesto de potasio.

Sílex-Sodalita: Esta combinación de términos puede referirse a minerales o rocas que contienen sílice (sílex) y sodalita, un mineral que contiene sodio y aluminio.

Silicato: Sal o éster derivado del ácido silícico. Los silicatos son componentes importantes en minerales y rocas, y son fundamentales en la estructura de la corteza terrestre.

Silicatos: Los silicatos son una amplia clase de minerales que contienen silicio y oxígeno, y a menudo otros elementos. Son componentes importantes de minerales como feldespatos, micas y arcillas.

Sílice (Química del Vidrio): Compuesto químico que se encuentra en la naturaleza en forma de cuarzo. En la química del vidrio, la sílice es un componente clave y proporciona resistencia y estabilidad térmica al material.

Sílice: El término sílice se refiere a compuestos que contienen sílice, como el dióxido de silicio. La sílice se utiliza en la industria como material de filtro y como componente en la producción de vidrio y cerámica.

Silicio (Material Fotovoltaico): El silicio es uno de los materiales más comunes y ampliamente utilizados en la fabricación de células solares. Puede ser monocristalino, policristalino o amorfo, y su estructura cristalina influye en la eficiencia de conversión de la luz solar en electricidad.

Silicio (Si): El silicio es un elemento químico con símbolo Si y número atómico 14. Es un sólido grisáceo y se encuentra ampliamente en la corteza terrestre en forma de silicatos y dióxido de silicio.

Silicona: La silicona es un polímero sintético que contiene enlaces silicio-oxígeno en su estructura. Tiene propiedades aislantes y es resistente a la temperatura, lo que la hace útil en selladores, lubricantes y productos de uso médico.

Simulación: El proceso de imitar el comportamiento de un sistema real mediante el uso de modelos matemáticos o computacionales. En química computacional, se utilizan simulaciones para predecir propiedades y entender el comportamiento de moléculas y materiales.

Síntesis Aditiva: Un método de producción de color mediante la combinación de luces de diferentes colores. Se utiliza en pantallas y proyectores, donde la luz se combina para crear colores visibles.

Síntesis de Amoníaco: Proceso químico para la producción a gran escala de amoníaco, que es fundamental en la fabricación de fertilizantes y otros productos químicos. El proceso Haber-Bosch es una de las implementaciones más comunes de esta síntesis.

Síntesis Sostenible: Se refiere a la producción de compuestos químicos de manera eficiente, con un mínimo impacto ambiental y un uso responsable de recursos. Busca rutas de síntesis que sean económicamente viables y amigables con el medio ambiente.

Síntesis: Formación de un compuesto más complejo a partir de sustancias más simples. También conocida como reacción de adición.

Smithsonita: La smithsonita es un mineral de carbonato de zinc ($ZnCO_3$). Se presenta en una variedad de colores y a menudo se encuentra en depósitos de zinc.

Smog: Neologismo que combina las palabras "smoke" (humo) y "fog" (niebla). Se refiere a una forma de contaminación atmosférica que resulta de la combinación de humo, gases y partículas suspendidas en el aire, a menudo asociada con áreas urbanas.

Solutivo: Sustancia que se disuelve en un solvente para formar una solución. Por ejemplo, en una solución de sal en agua, la sal es el soluto.

Solvente Verde: Se refiere al uso de solventes más sostenibles y seguros en procesos químicos. Estos solventes son a menudo menos tóxicos, inflamables y más fáciles de manejar, contribuyendo así a la sostenibilidad.

Solvente: Una sustancia capaz de disolver otras sustancias, formando una solución. El agua es uno de los solventes más comunes.

Soporte: Estas nanopartículas pueden estar soportadas en materiales porosos o en matrices específicas para mejorar su estabilidad y reactividad.

Sostenibilidad (Q. Biocombustibles): La sostenibilidad es un aspecto fundamental en la producción y uso de biocombustibles. Se busca garantizar que la producción no compita con la producción de alimentos, que no genere deforestación y que tenga un impacto ambiental positivo.

Sostenibles: Los bioplásticos se consideran más sostenibles que los plásticos tradicionales debido a su origen renovable y su capacidad para biodegradarse. Su producción a partir de fuentes renovables también puede reducir la dependencia de los recursos fósiles.

Sulfato: Un compuesto que contiene el ion sulfato (SO_4^{2-}). Los sulfatos son comunes en la naturaleza y se encuentran en minerales como la barita y la yeso. El sulfato de magnesio ($MgSO_4$), conocido como sal de Epsom, es un ejemplo.

Sulfatos: Los sulfatos son sales o ésteres derivados del ácido sulfúrico. Se encuentran en minerales como la barita y la celestita, y también son componentes importantes en la industria.

Sulfitos: Los sulfitos son sales o ésteres derivados del ácido sulfuroso. Se utilizan en la conservación de alimentos y como agentes blanqueadores.

Sulfuro Metálico: Compuestos que contienen azufre y metales, a menudo encontrados en entornos hidrotermales submarinos. Estos compuestos pueden ser importantes para la química de la vida marina en estas áreas únicas.

Sulfuro: Compuesto que contiene sulfuro, un ion negativo derivado del azufre. Los sulfuros son comunes en la naturaleza y se encuentran en minerales metálicos. También pueden tener propiedades semiconductoras.

Sulfuros: Los sulfuros son compuestos químicos que contienen azufre en combinación con otro elemento. Ejemplos incluyen la pirita (FeS_2) y la galena (PbS).

Sulfuroso: El dióxido de azufre, o sulfuroso, es un compuesto utilizado en la vinificación para prevenir la oxidación y como agente desinfectante. También puede afectar el aroma y la estabilidad del vino.

Supercondensadores: El grafeno se utiliza en la fabricación de supercondensadores debido a su alta área superficial y conductividad eléctrica. Los supercondensadores basados en grafeno pueden almacenar y liberar energía de manera eficiente, siendo útiles en dispositivos electrónicos y vehículos eléctricos.

Superconductividad: Un fenómeno en el cual ciertos materiales pierden toda resistencia eléctrica a temperaturas extremadamente bajas. Esto permite la conducción eléctrica sin pérdida de energía.

Supercrítico: Un estado de la materia que ocurre a temperaturas y presiones extremadamente altas, más allá del punto crítico. En este estado, las propiedades del fluido supercrítico son intermedias entre las de un gas y un líquido.

Taninos: Los taninos son compuestos polifenólicos que se encuentran en la piel, semillas y tallos de las uvas. Aportan astringencia al vino y contribuyen a su estructura y longevidad. Los taninos se extraen durante la maceración y la fermentación del mosto.

Tecnología (Q. Material Magnético): En tecnología, los materiales magnéticos se utilizan en una variedad de dispositivos, desde transformadores y motores eléctricos hasta dispositivos de almacenamiento de datos y sensores magnéticos. La tecnología moderna depende en gran medida de la comprensión y manipulación de los materiales magnéticos.

Templado: Proceso de tratamiento térmico al que se somete el vidrio para mejorar su resistencia y durabilidad. El vidrio templado es menos propenso a romperse en fragmentos afilados y se utiliza en aplicaciones donde la seguridad es crucial, como parabrisas de automóviles.

Tensión Superficial: Propiedad que describe la resistencia de la superficie de un líquido a romperse. Se debe a las fuerzas cohesivas entre las moléculas en la interfaz líquido-aire.

Teobromina: Es un alcaloide que se encuentra en el cacao y es responsable de algunos de los efectos estimulantes del chocolate. Aunque es similar a la cafeína, la teobromina tiene un efecto más suave. También puede tener efectos positivos en el estado de ánimo y la cognición.

Teoría de Grupos: Un enfoque matemático que se utiliza en química teórica para analizar la simetría de las moléculas y predecir propiedades y comportamientos.

Teoría del Color: Principios y conceptos que explican cómo percibimos y combinamos colores. Incluye modelos como el círculo cromático y las teorías de mezcla de colores.

Terapia Génica: Un enfoque médico que utiliza material genético (como genes o ácidos nucleicos) para tratar o prevenir enfermedades. En la química medicinal, se pueden desarrollar compuestos para facilitar la entrega segura de material genético a las células.

Tercer Principio de la Termodinámica: Establece que a medida que la temperatura de un sistema se acerca al cero absoluto, la entropía del sistema se acerca a un valor mínimo constante. Este principio se relaciona con el comportamiento de los sistemas a temperaturas extremadamente bajas.

Termodinámica: La termodinámica es una rama de la física que estudia las relaciones entre el calor transferido y el trabajo realizado en un sistema, así como las propiedades macroscópicas del sistema, como la temperatura, presión y volumen. Se basa en un conjunto de leyes y principios fundamentales.

Termoelectricidad: La termoelectricidad es el fenómeno físico en el que se genera una diferencia de voltaje (electricidad) cuando hay un gradiente de temperatura en un material termoeléctrico. Este efecto es la base de los dispositivos termoeléctricos y se utiliza en aplicaciones que van desde la refrigeración hasta la generación de energía.

Terpeno: Compuesto químico natural que se encuentra en plantas y que contribuye a sus olores característicos. Los terpenos son comunes en aceites esenciales y tienen una variedad de aromas, desde cítricos hasta florales.

Tetraciclina: Un antibiótico de amplio espectro que inhibe la síntesis de proteínas en las bacterias. Se utiliza para tratar una variedad de infecciones bacterianas.

Tetradimita: La tetradimita es un mineral de antimonio que a veces puede contener talio. Se presenta en cristales prismáticos y es parte de la serie mineralógica de la bournonita.

Tetrahedrita: La tetrahedrita es un sulfuro complejo que puede contener talio como impureza. Es un mineral común en yacimientos de minerales de sulfuro.

Tiosulfatos: Los tiosulfatos son sales derivadas del ácido tiosulfúrico. El tiosulfato de sodio, por ejemplo, se utiliza en fotografía y como agente neutralizador.

Titanio (Ti): Un metal ligero y resistente a la corrosión que se utiliza en la fabricación de aleaciones para aplicaciones aeroespaciales y médicas. También se utiliza en joyería y en implantes médicos debido a su biocompatibilidad.

Titulación: Un método cuantitativo de análisis en el que la concentración de una sustancia se determina midiendo el volumen de una solución de concentración conocida (titulante) requerida

TNT (Trinitrotolueno): Explosivo comúnmente utilizado en la industria militar y civil. A menudo se presenta como un polvo amarillo que es relativamente estable y fácil de manejar, pero puede

Torbernita: La torbernita es un mineral secundario que contiene uranio y pertenece al grupo de los fosfatos. Tiene un distintivo color verde debido a la presencia de uranio.

Toxicología: El estudio de las sustancias tóxicas y sus efectos en los organismos. En la química forense, la toxicología se aplica para determinar si una sustancia tóxica estuvo involucrada en un crimen o evento.

Traducción: La traducción es el proceso en el cual la información contenida en el ARNm se utiliza para ensamblar secuencias específicas de aminoácidos y así sintetizar proteínas en los ribosomas.

Transcripción: La transcripción es el proceso mediante el cual la información genética en el ADN se transfiere a una molécula de ARN, específicamente al ARNm, que actúa como un mensajero para la síntesis de proteínas.

Transición: Fase en la que el vidrio cambia de un estado amorfo a uno más rígido y vítreo a medida que se enfría. Durante esta transición, la movilidad molecular disminuye, lo que afecta las propiedades del vidrio.

Transparencia (grafeno): A pesar de ser un material conductor, el grafeno es transparente para la luz visible, lo que lo hace adecuado para aplicaciones en pantallas electrónicas, células solares y otros dispositivos optoelectrónicos.

Tridimensional: Aunque el grafeno es intrínsecamente bidimensional, los materiales basados en grafeno pueden formar estructuras tridimensionales, como aerogeles o esponjas, que conservan muchas de las propiedades únicas del grafeno.

Triglicérido: Los triglicéridos son la forma principal de almacenamiento de grasa en el cuerpo. Están compuestos por tres ácidos grasos unidos a una molécula de glicerol. Son una fuente clave de energía.

Tritio: El tritio es otro isótopo del hidrógeno que contiene un protón y dos neutrones en su núcleo. Es radiactivo y se utiliza en dispositivos luminosos como indicadores y en la investigación nuclear.

Trona: La trona es un mineral que contiene carbonato de sodio y bicarbonato de sodio. Se utiliza en la producción de sosa y en la fabricación de vidrio y productos químicos.

Uranilvanadatos: Los uranilvanadatos son una clase de minerales que contienen uranio y vanadio en su composición. Pueden tener colores variados y se encuentran en depósitos de uranio.

Uraninita: La uraninita es un mineral de uranio que es la principal mena de uranio. Contiene óxido de uranio (UO_2) y puede variar en color, desde negro hasta verde oscuro.

Uranocircita: La uranocircita es un mineral de uranio que pertenece al grupo de los silicatos. A menudo se encuentra como un mineral secundario en depósitos de uranio.

Uranofano: El uranofano es un mineral de uranio que pertenece al grupo de los vanadatos. Se encuentra en depósitos de uranio y tiene colores que van desde el amarillo hasta el verde.

Valencia: La capacidad de un átomo para combinarse con otros átomos mediante enlaces químicos. Indica el número de electrones que un átomo puede ganar, perder o compartir para completar su capa de electrones externa y alcanzar la estabilidad.

Vanadio (V): Un metal de transición duro y plateado utilizado principalmente como endurecedor en aleaciones de acero. También tiene aplicaciones en la industria aeroespacial y en baterías recargables.

Vancomicina: Es un antibiótico glicopéptido utilizado para tratar infecciones graves causadas por bacterias resistentes a otros antibióticos. Actúa interfiriendo con la síntesis de la pared celular bacteriana.

Vanilina: Compuesto aromatizante que se encuentra comúnmente en la vainilla. Se utiliza en la industria alimentaria y de fragancias para proporcionar el característico aroma a vainilla.

Vitamina C (Ácido Ascórbico): Esta vitamina es hidrosoluble y actúa como un antioxidante soluble en agua. Es esencial para la síntesis de colágeno, la absorción de hierro y la protección de las células contra el daño oxidativo.

Vitamina E (Tocoferol): La vitamina E es liposoluble y se encuentra en las membranas celulares, donde protege contra el daño de los radicales libres. Contribuye a la salud de la piel y tiene propiedades antiinflamatorias.

Vitaminas: Compuestos orgánicos esenciales para el funcionamiento adecuado del cuerpo. Se dividen en vitaminas liposolubles (A, D, E, K) y vitaminas hidrosolubles (C, complejo B). Cada vitamina cumple funciones específicas en el cuerpo.

Vivianita: La vivianita es un fosfato de hierro y manganeso que ocasionalmente contiene trazas de mercurio. Su color puede variar, y se encuentra en depósitos sedimentarios.

Volumetría: Técnica cuantitativa en la que la cantidad de una sustancia se determina midiendo el volumen de una solución de concentración conocida necesaria para reaccionar completamente con la sustancia en análisis.

Vulcanización: Proceso químico mediante el cual el caucho se trata con azufre y calor para mejorar sus propiedades mecánicas y térmicas. La vulcanización fortalece el caucho, haciéndolo más duradero y resistente al desgaste.

Wurtzita: La wurtzita es otro mineral de sulfuro de zinc (ZnS) con una estructura cristalina diferente de la esfalerita. Puede encontrarse junto con la esfalerita.

Xenón (Xe): Este gas noble es incoloro, inodoro e insípido. Se utiliza en lámparas de xenón para proyectores y en dispositivos de iluminación de alta intensidad. Además, tiene aplicaciones en medicina, especialmente en equipos de imágenes médicas.

Yodo (I): El yodo es un sólido de color negro-violeta. Se utiliza en la desinfección y en la producción de compuestos yodados utilizados en la medicina.

Zinc (Zn): Es un metal blanco azulado que se utiliza principalmente en galvanización para proteger el acero contra la corrosión. También es un componente esencial para muchos procesos biológicos y se encuentra en suplementos nutricionales.

Blessed Papers

Libros de esta colección:

Mundo Marino

Mitología

Astronomía

Tierra

Medicina

Inventores

Arte

Cocina Mundial

Música

Inteligencia Artificial

Arqueología

Historia

Nanotecnología

La Biblia

Biologia

Herbolario

Derecho

Y muchos más!